网络信息隐藏与系统监测

张晓明　著

U0234296

北京理工大学出版社
BEIJING INSTITUTE OF TECHNOLOGY PRESS

内 容 简 介

本书面向网络系统的隐秘传输和安全监测需求，在网站性能监测、网络多媒体信息安全传输和信息隐藏技术等做了深入研究，核心主题包括了新颖音频水印技术及其系统开发、音频水印的公共传播、网络系统隐秘传输、网页信息隐藏、分布式网络系统仿真和网站性能监测等热点技术与创新算法。

本书内容丰富、创新性强，适于网络环境下信息安全传输和实时在线监测需要，既可以作为计算机科学与技术、网络攻防、信息安全、软件工程和通信技术等学科专业的教师和学生的学术参考书，又可以作为从事信息隐藏技术研究和开发的科技人员的技术参考资料。

图书在版编目（CIP）数据

网络信息隐藏与系统监测 / 张晓明著. —北京：北京理工大学出版社，2019.12
ISBN 978-7-5682-8005-1

Ⅰ．①网… Ⅱ．①张… Ⅲ．①计算机网络–信息安全–研究 Ⅳ．①TP393.08

中国版本图书馆 CIP 数据核字（2019）第 298806 号

出版发行 / 北京理工大学出版社有限责任公司
社　　址 / 北京市海淀区中关村南大街 5 号
邮　　编 / 100081
电　　话 / （010）68914775（总编室）
　　　　　（010）82562903（教材售后服务热线）
　　　　　（010）68948351（其他图书服务热线）
网　　址 / http://www.bitpress.com.cn
经　　销 / 全国各地新华书店
印　　刷 / 三河市天利华印刷装订有限公司
开　　本 / 787 毫米×1092 毫米　1/16
印　　张 / 11.5
彩　　插 / 4　　　　　　　　　　　　　　　　　　　责任编辑 / 梁铜华
字　　数 / 258 千字　　　　　　　　　　　　　　　　文案编辑 / 曾　仙
版　　次 / 2019 年 12 月第 1 版　2019 年 12 月第 1 次印刷　　责任校对 / 刘亚男
定　　价 / 59.00 元　　　　　　　　　　　　　　　　　责任印制 / 李志强

前　言

网络信息安全的威胁与应对比比皆是。一方面，因网页篡改事件而诞生了网页防篡改软件，又因网络传输媒体信息的版本保护问题而产生了水印技术，并在互联网页的图像、文本、音频甚至企业 Logo 上植入了隐藏信息，能够抵抗常见的水印攻击。另一方面，在大量传输的网络信息中，也可能隐藏某些特定信息而有待分析；同时，大规模的网络系统运维数据中，通过数据挖掘可能获得有价值的信息和知识，供网络管理和决策者参考。基于这种网络攻防背景，网站运维监测的实时性和信息隐藏的可靠性，成为网络信息安全的研究热点。

本书的研究从网站系统运维性能监测的要求出发，深入研究了三类典型问题的解决方案和相应算法：

一是网站系统的分布式监测方案和技术。从典型网站系统运行状态监测出发，研究如何通过分布式监测点开展大规模数据分析。通过 OPNET 仿真工具，建立分布式仿真模型，得出仿真结果。然后，根据评测标准对网站性能参数之间的关系进行分析，结果表明距离和响应时间近似呈线性关系，而 Web 服务器的流量和页面响应时间呈指数关系。进一步，基于实际单点测量和分布式测量数据，采用基于支持向量机的信息粒化方式对网站响应时间进行准确的预测分析。采用该方法，对网站响应时间的最小值预测，其相对准确率可以达到 95%，对最大值预测的相对准确率可以达到 87%。

二是音频水印技术。基于成套嵌入式设备，开发了一组基于音频传输为应用背景的网络隐秘通信系统，详细研究了音频水印算法及其抗攻击能力。为了保护网络音频的可信传播，需要研究在重采样、重量化、噪声引入、低通滤波、时长调整、音量变换、MP3 压缩等攻击模式下的算法有效性。另外，考虑到一些公共场合下的音频播放场景，研究了通过线缆或空气传播而采集播放设备的音频信息时，音频水印算法抵抗 A/D 和 D/A 转换的能力。

三是以普通网页为载体的信息隐蔽传输技术，便于秘密信息的远程传播。重点分析了网页表格所具有的信息隐藏特性，创新性地设计了基于单一表格和多重复杂表格的网页信息隐藏算法。基于网页的不可见字符特性，设计了独特的转换模型和 5 比特分组嵌入算法，显著提高了网页隐藏容量和隐藏效果。

以上三类研究方案与算法，既相互独立，又能构成一个具有攻防组合特性的网络安全监测系统。自 2002 年起，笔者相继指导了多名研究生从事该领域的算法研究和技术开发，包括王俊杰、殷雄、张晓彦、李文治、禹召阳、牛鹏飞、冯翠霞等学生，发表了近二十篇

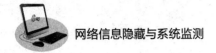

核心论文。这些研究工作持续了十余年，得到了一些科研项目的资助和支持，如北京市教委科研项目、北京市人才强教项目、校级优秀责任教授资助、国家级大学生科学研究训练项目，以及企业横向课题，在此一并表示衷心感谢。

感谢北京理工大学出版社给予的大力支持。

尽管笔者在本书撰写过程中费了很多精力，但由于水平有限，不足之处在所难免，恳请广大读者批评指正。

张晓明

2019 年 5 月

目　　录

第1章 网络系统性能监测概述

典型的网络系统主要由网络设备、网络主机和网络协议构成。作为提供 Web 应用服务的网站系统，通常包括网络设备、Web 服务器、数据库服务器、客户端的浏览器，以及网络协议和 Web 应用服务软件。一个典型的网站访问流程如图 1-1 所示。

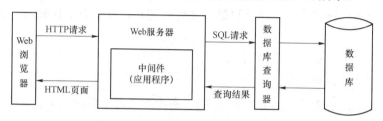

图 1-1 典型的网站访问流程

网站系统通常采用浏览器/服务器工作模式（即 B/S 模式），可分为表示层、功能层和数据层三层架构。表示层由 Web 浏览器组成，位于客户端，目的是由浏览器向 Web 服务器发送请求；功能层由 Web 服务器组成，位于服务器端，用于处理逻辑事务；数据层由数据库服务器负责，位于数据库服务器端，能够对数据进行输入、修改、查询、统计等功能，最终将数据提交到 Web 服务器。

1.1 网站系统的响应时间

在网站系统中，用户群体是不可预知的，网站系统依赖的条件众多。同时，网站系统受多种复杂外界因素影响，本身就是一个复杂的非线性系统，而且是动态变化的。因此，网站系统的性能分析和预测比传统系统更加困难。

网站性能的好坏直接影响用户的体验。通常，网站性能指标包括响应时间、并发用户数、资源利用率、系统吞吐量、HTTP 传输量/秒、事务数/秒、网络拥塞情况、资源请求队列等。接下来，重点介绍响应时间。

响应时间是指从用户发出计算机请求指令开始到网站系统给出响应指令并返回用户所用的时间。测算网站响应时间的首要条件就是目标网站必须具有可达性。如果网站目标不可达，则网站的响应时间在理论上是无穷大的。这里将响应时间详细划分为 4 部分：DNS（Domain Name System）域名解析时间、建立连接时间、服务器计算时间和内容下载时间。

（1）DNS 域名解析就是将域名解析为 IP 地址。将完成一次解析所用的时间定义为 DNS域名解析时间 T_{DNS}，即 T_{DNS} 为从浏览器发出请求到收到回复的时间。表示为

$$T_{DNS} = t_r - t_q \tag{1-1}$$

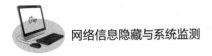

式中，t_q——浏览器发出请求的时间；

t_r——浏览器最终收到有效确认回复的时间。

T_{DNS} 主要取决于 DNS 服务器的性能和用户与 DNS 服务器之间的网络运行状况。

（2）建立连接时间，是指浏览器与 Web 服务器之间的 TCP（Transmission Control Protocol，传输控制协议）连接时间。表示为

$$T_c = t_s - t_{sa} \qquad (1-2)$$

式中，t_s——客户端发送数据包的时间；

t_{sa}——客户端接收数据包的时间。

（3）服务器计算时间，是指从服务器接收连接请求后开始到服务器计算完成所有事务所需的时间。服务器计算时间包括计算静态文件时间和计算动态文件时间。表示为

$$T_{ct} = t_{cf} - t_{cb} \qquad (1-3)$$

式中，t_{cb}——服务器计算开始的时间；

t_{cf}——服务器计算完毕的时间。

（4）内容下载时间包括主网页下载时间 T_{mp} 和内嵌文件下载时间 T_e。其中，主网页下载时间为浏览器发出网页请求到收到网页数据之间的时间。表示为

$$T_{mp} = t_1 - t_q \qquad (1-4)$$

式中，t_q——浏览器发出网页请求的时间；

t_1——收到网页数据的时间。

T_e 取决于终端监测点与服务器站点之间的带宽，不代表真正意义上的用户下载时间。

总响应时间 T_t 等于各阶段的响应时间之和，表示为

$$T_t = T_{DNS} + T_c + T_{ct} + T_{mp} + T_e \qquad (1-5)$$

Web 服务是一次信息交换的过程，通过浏览器和服务器之间的交换，可以获取一个完整的页面，如图 1-2 所示。浏览器向服务器发送请求；服务器进行 DNS 域名解析，将域

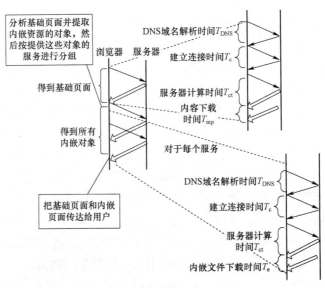

图 1-2 获取一个完整页面的过程

名解析为 IP 地址；服务器端建立连接并计算时间，客户端开始接收下载页面；完成下载后，服务器端关闭 TCP 连接。

1.2　网站系统性能监测的文献综述

网站系统监测就是以一定的时间频率对某个网站进行访问，进而对网站的响应时间、可用性等参数进行监测和评价。

1.2.1　网站系统监测的文献综述

对网站进行监测通常包括监测机制、报警机制、内容监测与筛选、自动故障处理、系统日志文件、自动统计分析部分。关于网站监测研究的文章较多，在文献［1］中，作者采用基于操作系统内核服务和多线程技术的方式实时监控系统。在文献［2］中，通过使用 wget.exe 和 zfc.exe 对需要监控的文件轮询一遍，实时监视数据信息并建立数据库，以网页的形式展现给用户。文献［3］采用 Hostmonitor 监测工具对网站进行监测和分析。文献［4］利用 Host－tracker 网站免费监测工具，以国内"211 工程"的 107 所大学门户网站为研究对象，对网站响应时间、可访问性、传输速度等指标进行了监测，并结合港澳地区 13 所高校的地理位置、网站可达率、响应时间和地区差异进行分析和对比，得出网站的健康状况。文献［5］采用了基于 Microsoft.Net 技术的网站监控软件，监控内容包含服务器系统信息（硬盘、内存、IP 地址、计算机名）监控、网络连接情况监控、服务状态监控、IIS（Internet Information Services，互联网信息服务）监控和文件目录监控。文献［6］采用分布式监测系统，实时监测中国主要 ISP（the Internet Service Provider，因特网服务提供方）的 Web 性能，监测数据即 Web 性能参数，包括 DNS 延迟、连接时延、响应时延、主页面下载时延、主页面时延、嵌入主页面下载时延和嵌入文件下载时延；同时，从不同城市的多用户角度来分析距离不同目标网站时、在闲时和忙时、工作日和休息日、不同接入商的性能。文献［7］结合学校网络实际情况，应用其自行开发的网站监控系统和开源软件的 Cacti 网络监控系统管理平台进行网络监控。根据监测到的数据，对所抓取的数据包和监控的流量等进行处理分析，最后提出改进方案。

1.2.2　网站性能评价的文献综述

对于运行中的网站，客观评价网站的现有设计，对提升网站性能具有参考价值。网站性能评价系统可以保障网站正常运行、提供量化管理依据和提高市场竞争力。文献［8］提出了一种基于 Web 日志挖掘的评价网站性能的方法。文献［9］证明了网页的大小和网站所在的层次是影响其访问难易程度的重要因素，然后针对网页是否可达进行了评估。文献［10］从消费者满意度的观点来评估 B2C 电子商务网站评估，用层次分析和灰色评估方法，从技术指标、安全指标、商业指标和服务指标进行分析。

针对网站性能，可以从服务器端、客户端、数据库等方面进行优化设计[11, 12]：

（1）从浏览器前端优化：产生较少的 HTTP 请求；运用内容分发网络；运用 Gzip 压缩

网站页面；在页面头部（header）添加过期时间。

（2）从服务器架构优化：搭建高效率 Web 服务器、第四层交换层架构、镜像网站技术。

（3）从数据库访问优化：页面静态化、缓存技术、数据库集群和库表散列、数据库设计代码优化。针对传统 Web 性能测试的基础，文献［13］运用测试工具 LoadRunner 建立场景，尽可能真实地模拟大量用户的并发操作等性能，对测试结果进行完善，准确定位性能的瓶颈。文献［14］的作者采用网站能力测试软件 Web－CT4.0，在不同地点、不同时段，以不同的上网方式、不同的并发数量访问不同的 Web 页面，对系统响应时间、流速和流量进行了分析，并对网站的响应时间做了测试，通过采用 SPSS 软件处理测试数据，对网站性能有明显改善，学习者对网站的满意度增加。但是，网站之间的性能差异较大，仍有部分网站性能较差。文献［15］利用 HTTP 头文件值对新西兰网站从压力和缓存两方面进行了性能分析。文献［16］根据时间序列监测的数据来动态预测应用程序，用来评估新网站的性能状况。文献［17］分析了 9 个网站对接入性和可读性的评估。

网络时延具有非线性、突发性和自相关性等特性。在文献［18］中，作者根据 NetFlow 中特定的 TCP 交互数据流记录来测量网络延迟，结合统计中区间估计理论，估计出主机之间一段时间内的平均往返时延。在文献［19］中，作者将 RBF 和 Elman 神经网络对比，总体 Elman 预测效果优于 RBF 神经网络。从相关系数、预测值与真实值之间的均方误差、最大相对误差、预测时间 4 个方面，文献［20］中提出了基于 RNN 网络预测的性能，分别与 AR 模型、RBF 神经网络预测算法进行比较分析。在对网络时延的预测上，多种文献采用机器学习的方式对其进行分析和预测，少有采用支持向量机的方法对其进行分析和与预测。

网站流量对于网站的管理者和使用者都很重要。实际网络流量是不平稳的时间序列，具有很强的突发性、分形性、重尾性、自相似性以及混沌性等特性。文献［21］对多分形小波模型对网络流量进行了验证和预测。文献［22］对时间尺度的大小与模型选择的关系进行了研究，对实际网络流量在不同时间尺度下进行预测建模和预测性能做了比较。在文献［23］中，作者采用自主开发的网络监控系统，对数据链路实施长期的测试监控，将实际流量分为与时间相关分量的周期性函数和与时间无关、分量服从正态分布的函数，并利用该模型预测特定时刻的流量。文献［24］对网络流量预测模型采用神经网络模型，并与其他预测模型进行对比分析。文献［25］采用 BP 神经网络构建了一个能预测网站流量的模型，对网站的运营状况和质量进行评估，从访客的角度来了解所运营的网站，为规划和管理网站、合理分配网络资源以及提高自身竞争力提供有利的数据支撑和依据。文献［26］结合小波变换和神经网络方法，对网络流量进行了预测。同时，为避免 BP 神经网络的缺点，还提出了一种基于改进的差分进行训练 BP 神经网络的算法。文献［27］将具有长相关性质的网络流量时间序列进行 EMD 分解之后，用简单的短相关模型来替代相对于长相关模型，降低预测复杂度。

目前，针对 Web 服务响应时间的建模研究较少。文献［28］发现响应时间和并发用户数的关系接近线性函数。当 Web 负载超出资源所能承受的范围时，响应时间和用户数的关系应当呈指数关系，不再呈线性关系。文献［29］发现，响应时间与用户请求量在峰值负载之前存在的指数关系，该文献提出 MBRT Web 服务器性能评测模型，并转化为线性回归模型来快速定位服务器的系统峰值。由指数关系建立的线性回归模型准确，且适用于 Web 服务器性能评估。文献［30］对基于聚类的响应时间进行了分析，提供了一种量化分析响应时间的方法。Web 服务是多种多样的，受多种因素影响，而且是时变的，采用静态的方法不能准确反映网站的响应时间。该文献还分析影响网站的访问速度的原因主要有两个，一个是网络传输质量（包括延迟、并发用户数、丢包率等），另一个是网站服务器处理事务的能力。文献［31］采用 Web 服务的历史运行数据的时间序列来分析网站状况，然后进行动态预测，根据数据的特征模式，选取合适的数学模型进行预测，提高了网站预测的准确性。

综上所述，现有文献研究存在以下不足之处：

（1）大多数网站性能研究是基于测试软件进行的，采用仿真工具来测量网站在不同用户数下承载的负载能力。但是，Web 系统受多种复杂外界因素影响，本身就是一个复杂的非线性系统。根据测试数据只能定性分析网站的性能，无法准确评估网站的状态。

（2）现有的网站监测主要采用单点测量的方式。通过单点测量数据判断网站的运行状况，最终结果准确率较低，同时受到监测点的网络状况、带宽、监测机器的性能影响，误差较大。

（3）现有的网站性能研究多采用时延、流量指标进行分析，缺少从用户角度的分析。同时，这些研究只是进行网站监测，而缺少预测能力。

针对这些问题，文献［32～35］采用了分布式网站监测模型，对网站性能工作状态进行监测分析，取得了良好的效果。其研究细节将在本书的后几章中阐述。

1.3　信息隐藏技术概述

信息隐藏技术是集多学科理论和技术于一身的新兴技术领域，它利用人类感觉器官对数字信号的感觉冗余，将重要信息隐藏在载体中。由于信息被隐藏后，外部表现的只是载体的外部特征，故并不改变载体的基本特征和使用价值。信息隐藏后，非法使用者无法确认载体中是否隐藏了其他信息，也难以提取（或去除）所隐藏的秘密信息。隐藏有秘密信息的载体通过信道到达接收方，接收方通过检测器利用密钥从中恢复或检测出隐藏的秘密信息。

信息隐藏虽然继承了信息加密的一些基本思想，但信息隐藏不是限制信息的交流存取，而在于保证隐藏信息不被觉察和破坏。信息隐藏不是隐藏了信息的内容而是隐藏了信息的存在，而信息加密是将资料加密完全变成密文。信息隐藏的最大优点是：除通信双方之外的任何第三方都不知道被隐藏信息存在的这个事实。这就较之单纯的秘密加密方法更多了一层保护，使需要保护的信息由"看不懂"变成"看不见"。

从广义上看，数字水印属于信息隐藏范畴。从狭义上看，两者目标不同，信息隐藏技术重在保护隐藏的信息，对鲁棒性要求不高；而数字水印则侧重于鲁棒性，重在通过水印保护载体本身。因此，信息隐藏技术主要应用于隐藏通信，而数字水印技术主要应用于版权保护和内容可靠性认证。一些典型的应用领域如下：

（1）数字内容保护：如证件防伪、商标保护、安全文档、数据完整性验证。

（2）网络隐蔽通信：如替音电话技术、匿名通信。

（3）安全监测：如数字权限管理、打印控制、播放控制、隐蔽通信监测。

信息隐藏可以在时域和变换域内进行，其方法包括比特位替换法、回声隐藏、离散余弦变换、小波变换、扩频、倒谱变换、数据统计特性等。

1.3.1　信息隐藏系统模型

信息隐藏系统模型如图 1-3 所示，它主要由以下几部分构成。

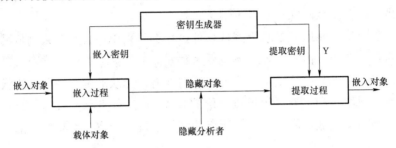

图 1-3　信息隐藏系统模型

（1）嵌入对象——信息隐藏嵌入过程的输入之一，指需要被隐藏在其他载体中的对象。嵌入对象将在信息提取过程中被恢复，但由于掩体对象在传输过程中可能受到隐藏分析者的攻击，因此提取过程通常只能正确恢复出原始信息嵌入对象的一部分。

（2）载体对象——用于隐秘被嵌入信息的载体，在一些信息隐藏系统的提取过程中也需要掩体信息的参与。同一个载体对象分别用于隐藏多个嵌入对象时（如数字指纹系统），必须考虑合谋攻击。

（3）隐藏对象——嵌入过程的输出，指将被嵌入对象隐藏在载体对象中之后得出的结果。隐藏对象应该和载体对象具有相同的形式，并且为了达到不引人注目的效果，还要求二者之间的差异是不可感知的。

（4）密钥——可能对隐藏信息加密时使用的加（解）密密钥。通常要在提取过程中使用与嵌入过程中相同或者相似的密钥，才能恢复被嵌入的信息。

（5）嵌入过程——在信息隐藏学科中，嵌入对象和载体对象可以是文本、图像或音频等，通过使用特定的嵌入算法，可将嵌入对象添加到可公开的载体对象中，从而生成隐藏对象，这一过程称为嵌入过程。

（6）提取过程——与嵌入过程相反，使用特定的提取算法从隐藏对象中提取出嵌入对象的过程称为提取过程。有些提取过程并不需要掩体对象的参与，这样的系统称为盲隐藏技术，而那些需要载体对象参与的系统称为非盲隐藏技术。

（7）隐藏分析者——对信息隐藏技术的研究由隐藏技术和隐藏分析技术两部分组成。隐藏分析技术主要考虑如何从隐藏对象中检测并破译出嵌入信息，或对隐藏对象进行某些处理，以达到破坏嵌入信息的目的。隐藏分析技术的研究者称为隐藏分析者。隐藏分析者的目标在于检测出隐藏对象、查明被嵌入对象、向第三方证明消息被嵌入、删除被嵌入对象等。

隐秘通信技术的工作原理如图 1-4 所示。

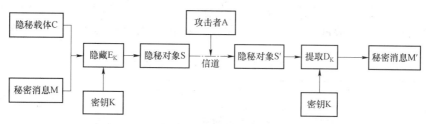

图 1-4　隐秘通信技术的工作原理

如果发送方欲将秘密消息 M 传递给接收方，则可以先选取一个看似平常的消息 C，它在网络中传输时不会引起任何怀疑，称为隐秘载体。将秘密消息 M 隐藏到隐秘载体 C 中，隐藏过程有时候需要隐秘密钥 K 控制。如此，M 便隐藏到 C 中，隐秘载体 C 变成了隐秘对象 S。信息隐藏过程中，要求隐秘对象尽可能保持原有载体的特征不变，使任何攻击者在仅仅知道表面的无关紧要的消息 S 时，无法检测到秘密信息 M 的存在。或者说，在隐秘通信系统中，不管通过人还是计算机寻找多媒体数据的统计特征，都不能分辨正常的隐秘载体 C 和隐藏了秘密信息的隐秘对象 S。隐秘对象 S 通过被攻击者所控制的通信信道传输给接收方，接收方收到隐秘对象 S′（在没有干扰时，S′=S）后，使用约定的消息提取算法及隐秘密钥 K，重构秘密消息 M′。在不被干扰的情况下，M′=M，可以精确地恢复原始秘密信息。提取过程可能需要隐秘载体或其他相关信息，也可能不需要隐秘载体的任何信息。

隐秘通信的目的是在收发双方之间建立一个隐秘的通信信道，使攻击者无法知道这个通信事件的存在。因此，隐秘通信系统的安全性主要取决于攻击者没有能力区分隐秘载体与隐秘对象。

1.3.2　信息隐藏性能指标

信息隐藏有 3 个最主要的因素：不可感知性、信息隐藏容量和稳健性。这三个因素的关系如图 1-5 所示。

在这 3 个因素中，始终存在一个有所侧重的方面。系统的性能是这 3 个因素和其他因素平衡的结果。

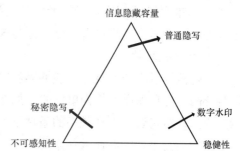

图 1-5　不可感知性、信息隐藏容量和稳健性的关系

1. 不可感知性

隐藏信息的不可感知性是对信息隐藏系统的一个最重要的要求，也是信息隐藏系统的必要条件。如果在信息嵌入过程中使载体引入了人为痕迹，使隐藏载体的质量有了可视性或可听性的下降，就会破坏信息隐藏系统的安全性，减少已嵌入信息的多媒体载体的价值。对于网页信息隐藏技术，则要求水印不能影响网页的不可感知性，这种特性也称为隐蔽性或对于载体的"透明性"。以音频信息隐藏为例，不可感知性即要求水印不能影响音频的质量，即在听觉上的不可觉察。这一般由主观标准与客观标准组成。

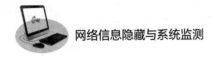

1）主观标准

在音频水印中，一个常用的主观评价指标称为平均观点分（Mean Opinion Score，MOS），即测试者根据音频的好坏，给音质打分。一般按五分制评分。显然，得分为 5 分或接近 5 分，就意味着两个音频数据之间几乎没有差别。MOS 主观评分标准如表 1−1 所示。

表 1−1　MOS 主观评分标准

分值	音频质量	描述
5	优异	相当于在专业录音棚的录音质量，语音非常清晰
4	良	相当于长距离的 PSTN（公用电话交换网）上的语音质量，语音自然流畅
3	中	达到通信质量，听起来有一定的难度
2	差	语音质量很差，很难理解
1	不能分辨	语音不清楚，基本被破坏

2）客观标准

早期的音频水印算法一般采用 SNR（Signal to Noise Ratio，信噪比）来计算原始音频与水印音频之间的信噪比。IFPI（International Federation of the Phonographic Industry，国际唱片业协会）要求嵌入水印后的音频至少可以提供 20 dB 的信噪比。信噪比的定义如下：

$$\text{SNR} = -10\log_{10}\left(\sum_i |f_i' - f_i|^2 \Big/ \sum_i |f_i|^2\right) \tag{1−6}$$

式中，f_i' 和 f_i——第 i 个原始音频信号和对应的含有水印的音频信号。

基于 SNR 的评价标准并没有考虑到人类听觉系统的特性。例如，一个微小的线性伸缩在主观上的听觉质量几乎没有变化，但是 SNR 会降得很低。

2. 信息隐藏容量

信息隐藏容量指的是载体中能够容纳的隐藏信息位的最大值。通常用比特率来表示，单位为 bps。也有以样本数为单位的，如在每个采样样本中可嵌入多少位信息。对于数字音频来说，在给定音频采样频率的条件下，两者是可以相互转换的。在保证不可感知性和载体一定的前提下，能够在载体中隐藏并传送的信息越多，就意味着可嵌入隐藏信息的数据率越高，即隐藏容量越高。IFPI 要求嵌入水印的数据信道至少有 20 bps 的带宽。从隐秘通信的角度来说，需要隐藏成千上万字节的信息；而对于版权保护，通常认为只需要几十位的水印信息即可。在网页中可以嵌入的信息量，就是指当前网页文件中可以嵌入多少位的水印信息。

3. 稳健性

用于判断水印破坏者在不影响或很少影响载体质量的前提下去掉水印的能力，就是衡量水印算法的抗攻击能力。通常，用水印的误码率（BER），即在各种攻击后提取得到的水印与原始水印之间不同比特所占的百分率，来衡量水印的抗攻击能力。误码率的定义如下：

$$BER = \frac{错误的比特数}{原始水印的比特数} \times 100\% \qquad (1-7)$$

多数文献在测试稳健性时，常基于自己的测试音频和测试方法。这样，除非亲自实现待比较的算法，否则不同的水印算法是无法比较的。因此，建立一个共同的测试标准、使用标准的测试工具是非常重要的。许多研究组织在这方面做了大量的研究，其中 STEP 2000、SDMI 和 Strimark Benchmark for Audio 是目前常用的音频水印算法稳健性的测试平台和工具。IFPI 也做出了关于音频水印稳健性的定义，要求稳健音频水印满足加性或乘性噪声、MP3 压缩、两个连续的数/模（D/A）和模/数（A/D）转换、时间拉伸±10%、重采样、重量化、滤波等。

1.3.3　音频水印概述

音频信息隐藏技术将拥有广阔的应用前景，尤其是在音乐作品的版权保护和隐秘通信方面有极大的市场潜能。由于人耳的听觉系统具有较宽的动态范围和较高的灵敏度，而且音频信号的数据量随时间增长得很快，因此音频信号的数据隐藏技术更具有挑战性。

1.3.3.1　人耳听觉系统特性

人耳听觉系统是非常复杂的，具有以下两个重要的特性：

（1）人耳听觉系统对于附加随机噪声的敏感性。人耳听觉系统对于音频文件中的附加性随机噪声很敏感，能够察觉出微小的扰动。由于人类的听觉系统比视觉系统更加敏感，因此在声音文件中隐藏信息也比在图像文件中隐藏信息更加困难。即便在时域对音频信号作微小的改变，也会对音频信号的清晰度造成比较大的影响。

（2）人耳听觉系统对语音的屏蔽性。声音信号在人的听觉系统中会经过非线性加工，掩蔽效应正是由于这种听觉的非线性引起的常见心理声学现象。时域和频域上都存在掩蔽效应。时域掩蔽效应是指一个较强声音前后的微弱声音不能被人耳察觉，也就是会被"掩蔽"。时域掩蔽又分为前掩蔽和后掩蔽：当掩蔽声消失以后，其掩蔽作用仍将持续一段时间，这是由人耳的存储效应所致，这种掩蔽称为后掩蔽；而在掩蔽声出现之前的声音也可以被掩蔽，这种掩蔽称为前掩蔽。后掩蔽作用比前掩蔽更明显，掩蔽声越强，掩蔽作用就越大。频域掩蔽效应是指两个频率足够接近的信号同时发生时，弱音就会被强音所掩蔽而变得不可觉察。同样，掩蔽声对较高频信号的掩蔽作用要强于较低频信号的掩蔽作用。这一听觉特性为语音隐藏实现提供了客观的条件。

另外，人耳的听觉系统还有一些特性可以加以利用。例如，对于信号在频域中的相位分量和幅值分量，人耳对幅值和相对相位更加敏感，而对于绝对相位不敏感；由环境引起的声音变形通常也会被听者忽略；等等。

1.3.3.2　音频水印技术问题分析

大多数文献将音频水印方法分为两类：一类是时域算法，另一类是变换域算法。时域算法中具有代表性的有最不重要位算法、扩频算法、回声隐藏算法和相位编码算法。变换域算法主要包括基于傅里叶变换的音频水印算法、基于离散余弦变换的音频水印算法和基于小波变换的音频水印算法。

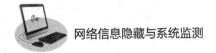
到目前为止，音频信息隐藏研究仍然存在一些较为突出的问题，概括如下：

（1）在数字图像和视频水印算法研究中，可以利用国际通行的标准样本进行测试，以确定算法的优劣和特点。但在数字音频水印算法中，还没有出现诸如 Lena（雷娜图）那样的图像标准测试样本，众多音频信息隐藏研究者在进行仿真实验时，往往根据自己的喜好或方便选择不同的音频片段来进行测试，给客观评价水印性能带来了极大困难。

（2）同步问题是数字音频水印需要解决的关键问题之一。音频信号作为时间轴上的一维信号，其采样点数量通常会在信号处理前后发生变化，或者数据会发生位移。因此，如何判别水印的嵌入位置成了正确提取水印信息的前提条件。但在实际中，对于裁剪、时间伸缩（TSM）攻击等缺乏同步的算法。目前宣称对同步攻击稳健的音频信息隐藏算法往往仅仅针对一种同步攻击有效，对抗同步攻击的性能并不理想，如针对 Pitch–invariant TSM、Resample TSM、Random Stretching 攻击和裁剪攻击。

（3）如何抵抗 A/D 和 D/A 攻击是音频信息隐藏算法进行实用的关键问题之一。

（4）在非压缩域算法中，存在一个极大的争议：目前以 MPEG Audio 为代表的压缩算法主要利用了音频信号的掩蔽特性，从而去掉了人耳不可觉察的音频成分，即去除了音频信号中的冗余部分；而非压缩域中的许多算法则把水印嵌入这些冗余。因此，这样的算法是否能抵抗音频压缩成为一个争议。

针对这些问题，文献［36~53］先后提出并设计了多种音频水印算法，通过仿真测试，表明能够抵抗相应的攻击，包括 A/D 和 D/A 攻击。

1.3.3.3　音频水印的攻击类型

对音频水印的攻击可能是有意的（如故意的破坏），也可能是无意的（体现为水印受到常规信号处理的影响）。总结起来，音频水印的攻击主要分为普通攻击、同步攻击和安全性攻击三大类。

1）普通攻击

目前，绝大多数算法都能较好地抵抗这类攻击。普通攻击一般不会导致音频样本在时域上发生平移，主要有噪声干扰和常见的音频信号处理。噪声干扰是信号传输过程中常见的干扰，包括加性和乘性噪声，其中最常见的是高斯白噪声。常见的音频处理操作有 MP3 压缩、重采样、滤波、音量增减、重量化等。

2）同步攻击

相对于普通攻击，有一些恶意攻击（或信号处理操作）会导致水印音频的样本在时域上发生各种情况的错位。这类攻击主要通过破坏水印的同步结构来影响水印的检测。目前，很少有算法能够抵抗这些攻击。这一类攻击主要包括以下几种：

（1）普通的裁剪。艺术工作者和技术人员在对音频进行处理的过程中往往对音频进行大段的裁剪和拼接操作。

（2）随机删除或增加样本。对于人耳来说，在每 100 个样本中随机增加或剪切若干个样本，在听觉上与原始音频之间几乎没有任何差别，但音频中的水印信息已经很难被检测出来。

（3）重采样。例如，将一段 44 100 Hz 采样率的音频转换为 22 050 Hz 的音频。在指导原始音频采样率的条件下，可以通过插值恢复后再进行水印提取。由于转化的比率是固定的，所以音频样本之间的偏移也不是很频繁。

（4）TSM 攻击。TSM 攻击不仅在正常的音频处理中是常见的操作，也是行之有效的一种攻击手段。例如，将一段时长为 10 s 的音乐通过样本之间的线性插值拉伸成 9 s，不仅在听觉上很难察觉有所不同，而且能使绝大多数现有的算法不能检测出水印。

（5）A/D 和 D/A 变换。在许多音频水印的应用场合中，通常涉及 A/D 和 D/A 变换，如数字音频信号通过音响设备播放后，被转录成新的数字信号。由于 A/D 和 D/A 转换后，不但样本的幅值（即音量）会发生变化，而且样本的位置会发生平移，因此这对水印算法的稳健性提出了更高的要求。

3）安全性攻击

除了上述各种对于含水印音频数据进行直接攻击的类型外，还有一些针对水印算法本身安全性的攻击，如合谋攻击、拷贝攻击等。这类攻击也是很难防范的，如何抵抗这些攻击仍然是当前研究的重点。这类攻击主要有以下几种：

（1）检测攻击。检测攻击是指非授权的攻击者试图从含有水印的载体中检测水印。这种攻击通常发生在数字认证与隐秘通信等场合。结合密码技术，可以对抗这种攻击，在密码保护下，即使攻击者从载体上提取了水印也不能理解水印的含义。

（2）Oracle 攻击。如果水印是一个 1 位的水印，即水印检测器只能回答"有水印"或"无水印"，那么攻击者就根据水印检测器的回答来构造出水印的检测边界，然后轻微改变含水印的音频，直到水印无法被检测出来，从而达到破坏水印的目的。

（3）合谋攻击。如果攻击者拥有两个或两个以上的含有相同水印的音频，那么就可能通过比较两个音频之间的不同之处来估计出原始水印，进而修改或破坏水印。

（4）拷贝攻击。拷贝攻击的目的是将一个水印从一个含有水印的载体上复制到另一个没有水印的载体上。在用于数字认证的水印中，攻击者就可以在一个虚假的载体上伪造一个认证水印。

（5）重复嵌入攻击。如果攻击者拥有嵌入算法，那么他可以在含有水印的音频上再次进行水印嵌入，并宣称对该音频拥有版权，在这种情况下，往往需要通过与原始音频进行对比，才能确定最终的版权所有者。

（6）死锁攻击。死锁攻击的基本思想是通过分析嵌入算法的逆算法，构造出一个"伪原始音频水印"。这样在版权裁定中进行原始音频比较时，攻击者也可以宣称其拥有"原始音频"。

1.3.4　网页信息隐藏

网页信息隐藏技术指的是利用网页作为载体的信息隐藏技术。相对于其他载体，网页使用的场合更为广泛，秘密信息通过网页可以更方便地通过因特网进行传递。在军事斗争中，情报往往是决定战争进程甚至决定战争胜负的重要因素，然而传统的基于密码学的保密通信方式已经不能满足信息安全方面的需要。在网络时代，在军事通信中使用多媒体技术进行隐秘通信也得到越来越多的重视。一些强国正在积极研究安全性高、实用性强、功

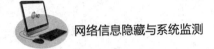

能完善的隐秘通信技术，一些著名的情报部门和机构也在积极应用隐秘通信来确保国家政治、军事和经济各领域的信息安全传输及共享。可以说，它的出现给信息安全技术领域开辟了一条全新的途径。

网页信息隐藏技术是利用隐藏算法将秘密信息隐藏到网页文件中，同时不破坏原始网页的文件结构和内容，并保证隐藏信息后网页的浏览效果对人的视觉特性无异常。而网页主要是由 HTML 语言构成，与普通文本文件的不同之处只是多了标记元素，其结构相对简单，拥有较少的视觉冗余。所以，要使网页的信息隐藏达到传统信息隐藏算法所具有的隐蔽性、鲁棒性和不可检测性比较困难。因此，在设计网页信息隐藏算法时，应根据应用目的来选择平衡点。

1.3.4.1　网页信息隐藏的工作原理

网页信息隐藏与通用的信息隐藏原理大致相同，如图 1-6 所示。

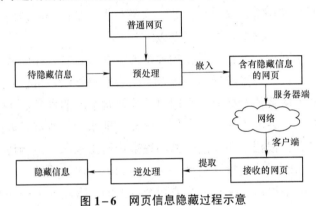

图 1-6　网页信息隐藏过程示意

隐藏过程：

（1）将待隐藏的秘密信息经过一定的预处理，转换成二进制串或其他格式。

（2）调用嵌入算法将转换后的秘密信息嵌入网页，进而得到含有隐藏信息的网页。

（3）将此网页通过服务器发布。含有隐秘信息的网页发布后，在客户端通过浏览器的浏览效果应与普通网页无视觉差别。

（4）客户端通过浏览器得到含有隐藏信息的网页文件，利用提取算法，得到转换后的秘密信息，再经过逆处理（预处理的逆过程），得到隐藏的秘密信息。

1.3.4.2　网页信息隐藏方法

网页标记和网页元素是网页的两种表现形式。网页标记用来控制数据的显示格式和效果，是由浏览器解释执行的命令。这些命令既可以是 HTML 格式的控制命令，也可以是由浏览器解析并执行的客户端脚本语言（如 VBScript、JavaScript 等）。网页元素是包含在网页文件中的能够在浏览器上显示出来的多媒体信息，如文字、图片、视频及动画等。

由于网页的特殊性，网页信息隐藏主要有以下难点：

（1）由于网页载体的冗余量很小，因此隐藏途径少，隐藏容量小。

（2）网页载体参数易受到修改，难以实现一个高鲁棒性的隐藏系统。

（3）利用网页中的数据元素隐藏信息，难以找到一种能表示网页特征的隐藏方法。

一个好的网页信息隐藏方法，不是仅仅给某张图片嵌入水印，而是要考虑整个页面布局、功能等。

1. 已有的网页信息隐藏方法

已有的网页信息隐藏方法可以分为以下四种[53-56]：

1）基于不可见字符的隐藏方法

不可见字符可以被加载在句末或行末等位置，不会改变网页在浏览器的正常浏览，如空格、制表符等。例如，可以用空格表示"0"，制表符表示"1"来隐藏信息。该方法易于实现，但增加了文件的大小，且通过对网页源代码进行选择操作，就可以发现隐藏了信息。著名的水印软件 Wbstego、Stegano、Invisible Secret 等都是利用这种方法。

2）基于标签的隐藏方法

这种隐藏方法包括标签的大小写方法、标签属性对顺序方法和空格插入方法三种，实际是基于 HTML 规范和显示特性。例如，每个网页通常都有大量标签，标签的大小写相当于 1 和 0 两种信息，但在浏览器中显示时没有区别。网页标签中往往会有多个属性，这些属性之间的顺序对网页信息显示没有影响，但可以用于表示不同的隐藏信息。此外，标签都有结束标记，在网页的每行插入空格，或者在标签结束标记中规定的位置插入空格，都不会影响网页的正常显示。

下面给出一些常规隐藏方法的示例。

（1）通过添加或删除空白字符来达到嵌入的目的，如表 1-2 所示。空白字符定义为空格、制表符以及方向键的 ASCII 码。

表 1-2　基于空白字符的网页信息隐藏方法

插入空白字符方式	举例
文本间插入	若 Use the code:\<P\>text text\</P\> to hide，则嵌入 0； 若 And use:\<P\>text text\</P\> to hide，则嵌入 1
引号间插入	若\<font face="verdana" size="3"\>，则嵌入 0； 若\<font face=" verdana" size="3"\>，则嵌入 1
属性间插入	若\<font face="verdana" size="3"\>，则嵌入 0； 若\<font face="verdana"　 size="3"\>，则嵌入 1
标签间插入	若\<td\>colomn1\</td\>\<td\>colomn2\</td\>，则嵌入 0； 若\<td\>colomn1\</td\> \<td\>colomn2\</td\>，则嵌入 1
属性与尖括号间插入	若\<font size="3"\>，则嵌入 0； 若\<font size="3" \>，则嵌入 1
尖括号与文本间插入	若\<font size="3"\>nl，则嵌入 0； 若\<font size="3"\> nl，则嵌入 1

（2）基于标记属性顺序。例如：

若 Ascending:\<font face="verdana" size="3"\>，则嵌入 0；

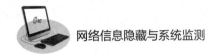

若 Descending:<font size="3" face="verdana">，则嵌入 1。

（3）属性标签是否默认值。例如：

若<font>，则嵌入 0；

若<font size="3">，则嵌入 1。

（4）可选的结尾标签。例如：

若<td>colmn1</td><td>colomn2</td>，则嵌入 0；

若<td>colmn1<td>colomn2，则嵌入 1。

（5）颜色的表示方法。例如：

若<font color="blue">，则嵌入 0；

若<font color="#0000FF">，则嵌入 1。

（6）基于标记的大小变化。因为 HTML 标记中的字母是不区分大小写的。

3）基于表格属性的隐藏方法[55]

该算法构思新颖，利用表格的特征，通过表格相邻两列或两行宽度与高度值的奇偶性来隐藏信息。该算法的隐藏量取决于网页中的单表数和每个单表中的行列数。通过改变表格中相邻单元格行列距属性值的奇偶性，嵌入"1"或"0"。用同一行中两个相邻单元格的宽度（或者同一列中两个相邻单元格的高度）的双奇性，表示嵌入的比特为 1，用其双偶性表示嵌入的比特为 0。但该方法基于单表格，且无合并单元格的表格，因此应用受到限制。

4）基于多媒体信息的隐藏方法

由于许多网页都包含图片、音频、视频和动画等多媒体信息，因此可以利用这些信息来隐藏重要内容。通常，每个网站主页都会有一个 Logo，该 Logo 往往是一个图片或者 Flash 动画，所以，选择主页 Logo 来隐藏信息是非常合适的。文献［54］提出了基于 Flash 动画的网页隐藏方法，并取得了良好的效果。

表 1-3 给出了这些方法的综合比较。

表 1-3　典型网页信息隐藏方法比较

方法类型	主要特点	嵌入容量	透明性	鲁棒性	HTML 文件的适用性	ASP 文件的适用性
标签大小写	简单	大	差	弱	√	受到限制
标签属性对	需要数据库	一般	好	一般	√	受到限制
标签空格插入	简单	小	一般	一般	√	√
表格属性	较复杂	一般	好	一般	√	√
不可见字符插入	简单	一般	一般	一般	√	√
多媒体隐藏	复杂	大	好	强	√	√

说明：

目前各网站都是在服务器上运行程序，采用 PHP、ASP.NET、JSP 等语言编程，只有在浏览器端获取的才是 HTML 文件。也就是说，在网页信息隐藏过程中，嵌入阶段和提取阶段依赖的载体并不完全相同，如果有 CSS 样式文件和功能函数的调用，载体甚至相差很大。由于 CSS 的普遍应用，有关标签属性的详细设计内容已变得很少，这就大大限制了属性对顺序方法的应用场合。相反，表格属性法、多媒体隐藏法和标签空格插入法能够满足网页文件的共用内容，所以一旦在网站服务器上实现了信息隐藏，在通过浏览器获取其HTML 文件后，仍然能够正常提取出秘密信息。因此，这几类方法都能够有效地用于实际网站系统中。

2. 网页信息隐藏的发展

未来，网页信息隐藏的发展主要集中在以下几方面：

（1）利用特定的网页标记结构，着眼于标记之外的冗余信息的隐藏方法，具有一定的隐藏效果和实现简单的特点，将继续适用于安全性需求不高的场合。

（2）利用人眼视觉冗余原理，对网页标记的某些属性进行修改的信息隐藏方法，以其良好的视觉隐蔽性、适当的隐藏容量和可操作性，仍将成为网页信息隐藏的一个主要研究方向。

（3）利用网页中的数据元素隐藏信息，如 Flash、流媒体等将成为网页信息隐藏的新的主要研究方向。

1.3.5　混沌理论

近年来，利用混沌映射模型来实现数字水印和隐秘通信，已成为信息隐藏领域的一个重要研究方向。混沌系统具有以下优点：

（1）隐秘性强。因为混沌系统具有宽带特性，特别是利用时空混沌特性增强抗破译、抗干扰能力，具有较强的鲁棒性等。

（2）具有高容量的动态存储能力。

（3）具有低功率和低观察性。

（4）设备成本低。

因此，混沌通信和信息隐藏技术正是能适应未来信息战的需要，在 21 世纪具有发展前景和挑战性的高科技领域。

近年来，用得最多的就是利用 Logistic 系统来产生伪随机数序列，其理论依据是混沌动力系统对于初值和参数的敏感性。一维的 Logistic 映射定义为

$$x_{k+1} = \mu x_k(1 - x_k) \qquad k = 0, 1, 2, \cdots \qquad (1-8)$$

式中，$x_k \in (0,1)$；$\mu \in [0,4]$。

当 $\mu = 4$ 时，系统完全处于混沌状态。

混沌变量 $\{x_n\}$ 的运动形式具有如下特征：

（1）随机性。当 $\mu = 4$ 时，Logistic 映射在有限区间 $[0,1]$ 内不稳定运动，其长时间的动态将显示随机性质。

（2）规律性。尽管 $\{x_n\}$ 体现出随机性质，但它是由式（1-8）导出的，在初始值确定后，$\{x_n\}$ 就已经确定，即其随机性是内在的，这就是混沌运动的规律性。

（3）遍历性。混沌运动的遍历性是指混沌变量能在一定范围内按其自身规律不重复地

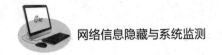

遍历所有状态。

（4）对初始值的敏感性。初始值 x_0 的微小变换将导致序列 $\{x_n\}$ 行为的巨大差异。如图 1-7 所示，这是令 $x_{10} = 0.123\,456$、$x_{20} = 0.123\,457$，分别迭代 100 次得到的序列。可以看出，初值虽然仅相差 1.0×10^{-6}，但迭代后两个序列就完全不一样了。

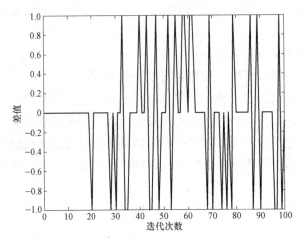

图 1-7　不同初始值得到的混沌序列的差值

1.4　小结

本章是全书的引言，重点通过原理介绍和文献分析，阐述网站系统监测和信息隐藏两大主题及其研究难点，为研究者提供比较全面系统的研究思路和方向。

参考文献

[1] 唐琳，毛新宇. 网站实时监控系统的设计与实现 [J]. 计算机与信息技术，2006（4）：13-15.

[2] 郑林江. 基于服务器流量的网站监控系统研究 [J]. 信息安全与技术，2013（4）：76-77.

[3] 孙旭，熊淑华，张朝阳，等. 基于 Hostmonitor 的网站系统监控设计与实现 [J]. 计算机技术与发展，2012，22（5）：173-176.

[4] 查贵庭，吴辛欣，俞建飞. 高校门户网站外部可访问性监测 [J]. 中国教育信息化，2008（15）：25-27.

[5] 贺悦. 网站服务器运行情况监控系统的实现 [D]. 上海：复旦大学，2009.

[6] Liu Feng, Lei Zhenming, Miao Hui. Web Performance Analysis on Real Network [C]. 2011 International Conference on Electronics，Communications and Control (ICECC): 1780-1783.

[7] 彭波. 基于 SOA 技术的网络监控系统研究与应用 [D]. 苏州：苏州大学，2011.

［8］刘炳祥，盛昭瀚. 一种基于 Web 挖掘的网站性能评价方法［J］. 计算机工程与应用，2003（4）：189−191.

［9］王有为，汪定伟. 基于网页可达性和平均载入时间的网站评估方法［J］. 东北大学学报（自然科学版），2002，23（10）：926−929.

［10］Cao Xiuli，Liu Yanhua. Research on Evaluation of B to C E−commerce Website Based on AHP and Grey Evaluation［C］. 2009 Second International Symposium on Electronic Commerce and Security，405−408.

［11］谭建平. Web 网站系统性能优化研究及其应用［D］. 重庆：重庆大学，2007.

［12］冯平. 电子商务网站访问性能［D］. 武汉：华中科技大学，2005.

［13］赵佳佳. Web 性能测试与瓶颈分析的研究［D］. 长春：长春理工大学，2012.

［14］鲍日勤. 巨型大学网站性能测试分析结果比较分析［J］. 电化教育研究，2007（8）：36−38.

［15］Rajalaxmi Chandran，Sathiamoorthy Manoharan. Performance Analysis of New Zealand Websites Using HTTP Header Values［C］. Proceedings of 2011 IEEE Pacific Rim Conference on Communications，Computers and Signal Processing：25−30.

［16］Maria Carla Calzarossa，Daniele Tessera. Time Series Analysis of the Dynamic of News Websites［C］. 2012 13th International Conference on Parallel and Distributed Computing，Application and Technologies：529−533.

［17］Prof Dr Ahmad Bakeri Abu Bakar. Evaluating the Accessibility and Visibility of Quran Websites［C］. 2010 International Symposium on Information Technology：1−4.

［18］张晓宇，龚俭，吴桦. 一种基于 NetFlow 特定流记录的平均往返时延估计方法［J］. 计算机应用与软件，2010，27（5）：64−66.

［19］王宏伟. 基于神经网络的网络时延预测［J］. 微计算机信息，2008，24（4）：265−266.

［20］胡治国，张大陆，候翠平，等. 基于随机神经网络的多步网络时延预测模型［J］. 计算机科学，2009，36（7）：85−87.

［21］王西锋，高岭，张晓孪. 自相似网络流量预测的分析和研究［J］. 计算机技术与发展，2007，17（11）：42−45.

［22］姜明，吴春明，等. 网络流量预测中的时间序列模型比较研究［J］. 电子学报，2009（11）：2353−2358.

［23］何俊峰，谢高岗，杨建华. 基于周期性网络流量模型的流量预测［J］. 计算机应用，2003，23（10）：8−11.

［24］侯家利. Elman 神经网络的网络流量预测［J］. 计算机仿真，2011，28（7）：154−157.

［25］李可翔. BP 神经网络在网站流量预测中的应用研究−以安徽电视网为例［D］. 合肥：安徽大学，2011.

［26］朱斌. 网络流量的自相似特性及流量预测研究［D］. 无锡：江南大学，2011.

［27］高波，张钦宇，等. 基于 EMD 及 ARMA 的自相似网络流量预测［J］. 通信学报，2011，32（4）：47−56.

［28］梁晟，李明树，梁金能，等. Web 应用程序运行响应时间的实验研究［J］. 计算机研究与发展，2003（7）：1076-1080.

［29］徐向华，徐婷婷，殷昱煜. 基于响应时间的 Web 服务器性能评测方法［J］. 小型微型计算机系统，2013（1）：90-95.

［30］华悦，姜旭，刘振宇，等. 基于聚类的响应时间分析方法［J］. 计算机应用与软件，2012，29（8）：200-201.

［31］郑晓霞，赵俊峰，程志文，等. 一种 WebService 响应时间的动态预测方法［J］. 小型微型计算机系统，2011（8）：1570-1574.

［32］Zhang Xiaoming，Feng Cuixia，Xiao Junlong. A Comprehensive System Design for Website Secure Protection［C］. International Conference on Computer，Communications and Information Technology (CCIT 2014).

［33］冯翠霞，张晓明. 基于 OPNET 的分布式网站监测与性能分析的研究［J］. 北京石油化工学院学报，2014，22（2）：14-19.

［34］冯翠霞. 分布式网站监测及性能分析研究［D］. 北京：北京化工大学，2014.

［35］Zhang Xiaoming，Feng Cuixia，Wang Guang. Prediction of Website Response Time based on Support Vector Machine［C］. 2014 7th International Congress on Image and Signal Processing (CISP 2014)：912-917.

［36］王俊杰. 音频信息隐藏技术的研究与应用［D］. 北京：北京化工大学，2006.

［37］殷雄. 音频信息隐藏技术在隐秘通信中的研究［D］. 北京：北京化工大学，2008.

［38］张晓彦. 网页信息隐藏算法研究及应用［D］. 北京：北京化工大学，2010.

［39］李文治. 鲁棒性数字音频水印算法研究［D］. 北京：北京化工大学，2010.

［40］李文治，张晓明，殷雄. 基于 LSB 和量化思想的倒谱域音频水印算法［J］. 计算机应用，2010，3：135-137.

［41］Yin Xiong，Zhang Xiaoming. Covert Communication Audio Watermarking Algorithm Based on LSB［C］. 2006 10th International Conference on Communication Technology，2006，308-311.

［42］殷雄，张晓明. 基于 LSB 的隐蔽通信音频水印算法［J］. 通信学报，2007，28（11A）：49-53.

［43］殷雄，张晓明. 基于纠错编码和扩频通信的音频水印算法［J］. 北京石油化工学院学报，2007，15（4）：43-48.

［44］张晓明，殷雄. 基于混沌序列的小波域语音信息隐藏方法［J］. 系统仿真学报，2007，19（9）：2113-211.

［45］Zhang Xiaoming，Yin Xiong. Feature-based self-synchronous audio watermarking technology［C］. NPC2007：885-890.

［46］Zhang Xiaoming，Yin Xiong. Audio Watermarking Algorithm Based on Centroid and Statistical Features［C］. ICICS2007：153-163.

［47］Zhang Xiaoming，Yin Xiong. Bisynchronous Approach for Robust Audio Watermarking

Technology［C］. PCM 2007.

［48］殷雄，张晓明. 基于 DWT 域的同步音频信息隐藏算法［J］. 武汉大学学报（理学版），2005，52（S1）：77－81.

［49］张晓明，殷雄. 基于量化小波变换的双同步音频水印方法［J］. 计算机应用，2008，28（12）：3171－3174.

［50］Zhang Xiaoming. Segmenting Histogram－based Robust AudioWatermarking Approach［J］. Journal of Software，2008，3（9）：3－11.

［51］张晓明. 基于音频统计特性的鲁棒水印算法. 东南大学学报（自然科学版）. 2009，39（3）：447－452.

［52］张晓明，禹召阳，李文治. 面向公共信息传播的音频水印算法［J］. 计算机应用，2009，29（9）：2323－2326.

［53］孙星明，黄华军，王保卫，等. 一种基于等价标记的网页信息隐藏算法［J］. 计算机研究与发展，2007（5）：756－760.

［54］牛鹏飞. 信息隐藏技术在隐秘通信中的应用研究［D］. 北京：北京化工大学，2011.

［55］张晓彦，张晓明. 一种基于表格属性的网页信息隐藏算法［J］. 北京石油化工学院学报，2009，（1）：43－47.

［56］Zhang Xiaoming，Zhao Guoqing，Niu Pengfei. A Novel Approach of Secret Hiding in Webpage by Inserting Invisible Characters［J］. Journal of Software，2012，7（11）：2614－2621.

第 2 章　基于 LSB 算法的网络安全传输技术

LSB（Least Significant Bit，最不重要位）算法是一种简单的隐藏算法。因为秘密数据和载体信号都可以看成一串二进制数据流，所以可以将载体文件的部分采样值的最不重要位用秘密数据替换，以达到在载体中隐藏秘密的目的。

2.1　LSB 算法描述

如图 2–1 所示，以 8 位数据为例，数据的高 4 位为重要位，数据的低 4 位为不重要位，最低的数据位就是 LSB，而最高的数据位是 MSB（Most Significant Bit，最重要位）。

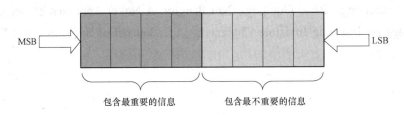

MSB

LSB

包含最重要的信息　　　包含最不重要的信息

图 2–1　LSB 与 MSB 的描述

在隐藏前，需要将秘密信息转换为一个比特序列。转换规则可以按照 ASCII 码进行。

ASCII 码是美国信息交换标准代码，是一种使用 7 个或 8 个二进制位进行编码的方案，最多可以给 256 个字符（包括字母、数字、标点符号、控制字符及其他符号）分配（或指定）数值。ASCII 码于 1968 年提出，用于在不同计算机硬件和软件系统中实现数据传输标准化，在大多数小型机或全部个人计算机都使用此码。ASCII 码分为两个集合：标准 ASCII 码和扩展 ASCII 码。

1. 标准 ASCII 码

标准 ASCII 码字符集共有 128 个字符，其中有 96 个可打印字符，包括常用的字母、数字、标点符号等，另外有 32 个控制字符。标准 ASCII 码使用 7 个二进制位对字符进行编码。但由于计算机的基本处理单位为字节（1 字节 = 8 位），所以一般仍以 1 字节来存放一个 ASCII 码字符。每字节中多余出来的一位（最高位）在计算机内部通常保持为 0（在数据传输时可用作奇偶校验位）。

2. 扩展 ASCII 码

由于标准 ASCII 码字符集的字符数目有限，在实际应用中往往无法满足要求。为此，国际标准化组织又制定了新的标准，扩充了 128 个字符，这些字符的编码都是高位为 1 的 8 位代码（即十进制数 128～255），称为扩展 ASCII 码。

在实施 LSB 替换之前，需要先从载体文件中选取部分数据，数据量至少满足秘密信息的比特数量要求。假设秘密信息为字符 M，其标准 ASCII 码值是 1001101，共 7 位。若要将此 7 位隐藏到载体中，就需要载体数据 7 个。将秘密信息的 7 位依次替换 7 个载体数据的 LSB，从而形成新的 7 个载体数据。将该文件保存成新文件，即包含秘密信息的文件。该替换原理如图 2-2 所示。

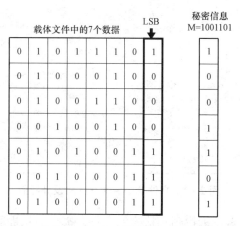

图 2-2　LSB 替换原理示例

由于数据经过滤波等处理后，其 LSB 信息无法保证，因此基于 LSB 替换方法的鲁棒性很差。目前，许多改进算法被提出，其基本思想是将隐藏位置从 LSB 向前移，在保证透明性的前提下提高算法的鲁棒性，从而增强抵抗滤波攻击的能力[1-5]。

2.2　基于 LSB 的文件隐藏传输程序设计

在传输之前，按照 LSB 替换方法，将秘密信息嵌入在选择的音频数据部分，采用 TCP 协议传输音频文件。

2.2.1　设计思路

为了简便，将客户机与服务器设计在同一个界面，如图 2-3 所示。

主要设计过程：

（1）信息嵌入阶段。选定音频文件后，将待隐藏的秘密信息按照 LSB 方法隐藏在部分音频数据中。完成后，保存为新的音频文件，用于发送给客户机。信息嵌入阶段的运行界面如图 2-4 所示。

按照这种思路，可以预先完成大量嵌入工作，构建包含秘密信息的文档库，供授权客户通过下载使用。这样，FTP 服务器上的文件就可以具有一定的版权保护功能。

（2）网络传输阶段。服务器处于监听状态后，客户机发出连接请求。如果连接成功，服务器就将客户选择的文件发送给客户机，客户机接收后保存为一个文件。

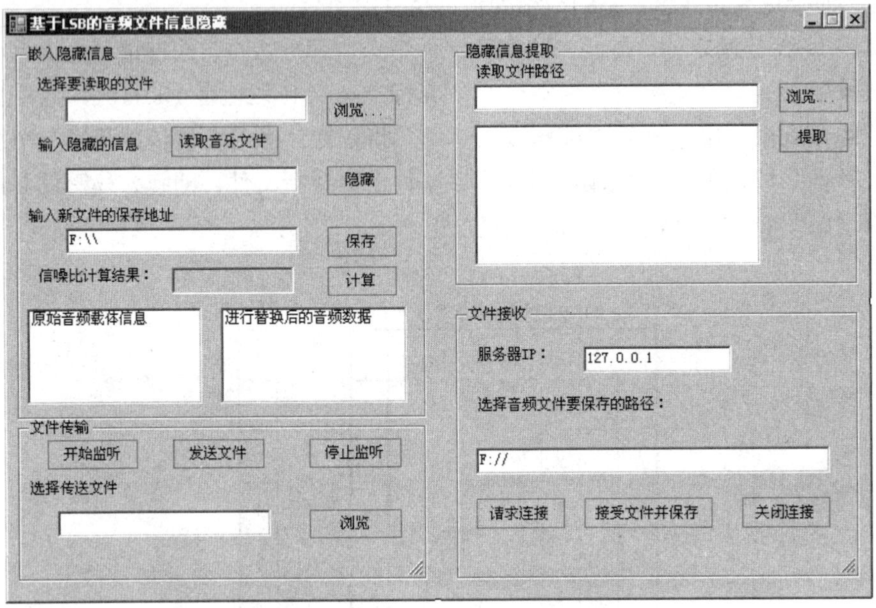

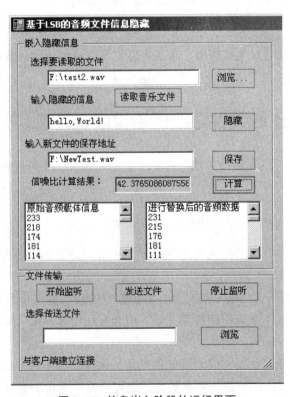

图 2-3 文件隐秘传输程序的设计界面

（3）信息提取阶段。客户机找到刚接收的文件，执行信息提取功能，将秘密信息显示。

图 2-4 信息嵌入阶段的运行界面

2.2.2　信息同步技术

1. 同步定位方法

在提取秘密信息时，必须先准确定位其嵌入位置。如果提取位置与嵌入位置有误，那么提取的信息显然是错误的。因此，在嵌入阶段，就必须在嵌入秘密信息之前嵌入一个同步码。

由于同步码也是嵌入的，所以同步码的嵌入和提取也按照比特序列进行，嵌入时，逐位替换载体音频数据的不重要位；在提取阶段，提取一系列比特序列后，与标准的同步码进行比较。如果相同，则说明其后是隐藏的秘密数据；否则，需要继续搜索，直到找到同步码为止。

在选择同步码时，可以参照计算机网络中数据链路层的组帧方法。为了增强抵抗能力，同步码的选择非常重要，应该是用户很少使用的内容；同时，在同步码的长度方面，若太短则容易与数据混淆，若太长则增大计算量，使提取时间变得很长。

进一步，文件在传输中还可能遭遇各种攻击，使秘密信息的寻找变得困难。为此，可以在秘密信息之前预先增加一个隐藏标识。在秘密信息的结束处，也需要增加一个标识，表明隐藏信息的结束。

最终，设计的同步定位技术如图 2−5 所示。

| 同步码 | 前标识 | 秘密信息 | 后标识 |

图 2−5　同步定位技术

2. 同步码和标识设计

设计同步码为 FF0FF0FF0FF，其比特序列为 1111 11110000 11111111 00001111 11110000 11111111，对应的十进制数据为 15,240,255,15,240,255。

设计前标识和后标识为十六进制数 91，对应的比特序列为 10010001，即十进制数 145。

因此，在信息提取阶段，首先需要提取同步码。如果提取成功，就进一步提取前标识，如果存在，则其后就是秘密信息的开始，需要一直读取，直到遇到后标识，后标识表明秘密信息的结束。

2.2.3　LSB 的改进算法设计

传统的 LSB 替换是将载体信息的 LSB 直接替换为比特信息，使载体的 LSB 与信息保持一致，具有对载体文件改动小、嵌入容量大、实现简单的特点。为了具有一定的鲁棒性，将嵌入的位置进行前移，且在经典的 LSB 嵌入算法后加入一部分纠错机制——最小误差替换（MER）。现将 MER 机制描述如下[6]：

假设公开语音信号 p 含有 N 个采样数据，则原始公开语音信号 p 可以表示为

$$p = \{p(n), 0 \leqslant n < N\} \qquad (2-1)$$

式中，$p(n)$——第 n 个数据的幅度值。

利用传统经典的 LSB 直接替换第 k 位 LSB，将该音频文件记为 p'，可以表示为

$$p' = \{p'(n), 0 \leqslant n < N\} \qquad (2-2)$$

从替换位 k 的后一位开始，一直到音频数据位的结束位为止，将这些位都进行取反操作后形成的音频数据记为 p''，可以表示为

$$p'' = \{p''(n), 0 \leqslant n < N\} \qquad (2-3)$$

然后，计算原始音频数据 p 与改变后的音频数据 p' 和音频数据 p'' 的差异，并分别记为 $e(n)$ 和 $e_1(n)$。如果 $e(n) < e_1(n)$，则在此嵌入点用音频数据 p' 替换原始音频数据；否则，用音频数据 p'' 替换原始音频数据。

本程序设计将替换位放在 8 位数据的第 4 位。

2.2.4 主要代码实现

1. 引用的命名空间

```
using System.IO;
using System.Text;
using System.Net;                    //网络传输
using System.Net.Sockets;
using System.Threading;
```

2. 信息嵌入代码

```
//秘密信息的读取
string t=textBox2.Text;
data0=new byte[t.Length];
char[] d5=new char[t.Length];
d5=t.ToCharArray();
for(int i=0;i<t.Length;i++)
{
data0[i]=(byte)d5[i];                //将字符串秘密信息转换为数组 data1[]
}
data1=new byte[t.Length+8];
data1[0]=data1[3]=15;                //从每一段的音频载体的开始加同步标识
data1[1]=data1[4]=240;
data1[2]=data1[5]=255;
data1[6]=145;                        //加前标识
for(int i=0;i<data0.Length;i++)      //将秘密信息按顺序加在前标识之后
{
data1[7+i]=data0[i];
}
```

```
data1[7+data0.Length]=145;            //并在完成后加后标识
data123=data0.Length;
int t1=4;                             //用于第 4 位的 LSB 替换
MessageBox.Show("嵌入秘密消息的长度为:"+(data0.Length.ToString()));
data5=new byte[data3.Length];//音频文件转换为数组 data5,未嵌入秘密信息的音频
data5=data3;
data10=new byte[data3.Length];  //定义嵌入秘密信息后的音频,长度不变
char [,] chars1=new char[data1.Length,8];   //装秘密语音进行编码后的数值
char [,] chars2=new char[data3.Length,8];   //装音频载体进行编码后的数值
string b;
string b1;
string b2;
string b3;
int [] a=new int[data3.Length];
int [] a1=new int[data1.Length*8];
for(int i=0;i<(data123+8)*8;i++)
            //长度为(秘密信息长度+同步码+前后标识的长度)×8 位
{
    listBox2.Items.Add(data3[i+100].ToString());    //按字节显示音频文件
    //对能隐藏秘密信息的音频载体数据进行编码
    b2=Convert.ToString(data3[i+100],2);
    //音频的第 100 位后用 LSB 替换,防止前面静音部分
  int d=8-b2.Length;                    //将音频转换为 8 位二进制
    if(d==0)
    {
       b3=b2;
    }
    else
    {
        b3=new string('0',d)+b2;    //如果不够 8 位,就在其前面自动添加 0
    }
    char[] chara=b3.ToCharArray();
    //音频载体进行编码后的数值保存在 chars2 二维数组中
    for(int k2=0;k2<8;k2++)          //每行 8 位的二维数组,逐行添加值
    {
        chars2[i,k2]=chara[k2];
    }
```

```
}
//对秘密信号进行编码
for(int k=0;k<(data123+8);k++)
{
    b=Convert.ToString(data1[k],2);
    int c=8-b.Length;
    if(c==0)
    {
        b1=b;
    }
    else
    {
        b1=new string('0',c)+b;
    }
    char[] chars=(b1.ToCharArray());
    //秘密信号进行编码后的数值保存在 chars1 二维数组中
    for(int k1=0;k1<8;k1++)
    {
        chars1[k,k1]=chars[k1];
    }
}
char[] ch=new char[data1.Length*8];   //秘密信息和同步码一起转换成一维数组
//将秘密信号编码后的数值保存在一维数组 ch 中
for(int i=0;i<(data123+8);i++)
{
    for(int k=0;k<8;k++)
    {
        ch[i*8+k]=chars1[i,k];
    }
}
k3=8-t1;        //t1 为 LSB 替换的位置,k3 为 LSB 是从替换位起剩余的低位个数
if(data3.Length<data123*8)
{
    MessageBox.Show("音频文件的数据太少,无法隐藏秘密信息!~~,请更换音频载体!!");
}
else     //用 LSB 算法将秘密信息隐藏到音频载体中
{
```

```
for(int i=0;i<(data123+8)*8;i++)
{
    if(ch[i]=='0')
    {
        if(chars2[i,t1]=='1')
        {
            chars2[i,t1]='0';
            if(chars2[i,t1+1]=='0')
            {
                for(int i1=1;i1<k3;i1++)
                {
                    chars2[i,t1+i1]='1';
                }
            } //若原来为'1',则转为'0',其后 k3 位变为'1',即 1000 变为 0111
            else
            {
                int i2=1;
                do
                {
                    chars2[i,t1+i2]='0';
                    i2++;
                }while(i2<k3);
                if(chars2[i,t1-1]=='0')
                {
                    chars2[i,t1-1]='1';
                }
            }
        //若原为'0',则转为'1',其前一位变为'1',其后三位变为'0',即 01111 变为 10000
        }
    }
    else
    {
        if(chars2[i,t1]=='0')
        {
            chars2[i,t1]='1';
            if(chars2[i,t1+1]=='1')
            {
```

```
                    for(int i1=1;i1<k3;i1++)
                    {
                            chars2[i,t1+i1]='0';
                    }
                }
```

//若原来为'0',则转为'1',其后 k3 位若为'1',此时则变为'0',即 0111 变为 1000

```
            else
            {
                    for(int i1=1;i1<k3;i1++)
                    {
                            chars2[i,t1+i1]='1';
                    }
                    if(chars2[i,t1-1]=='1')
                    {
                            chars2[i,t1-1]='0';
                    }
            }
```

//若原为'0',则转为'1',将前一位变为'0',其后 k3 位变为'1',即 10000 变为 01111

```
            }
        }
}
for(int i2=0;i2<(data123+8)*8;i2++)//将二进制数转换成十进制数
{
a1[i2]=(chars2[i2,7]-48)*1+(chars2[i2,6]-48)*2+(chars2[i2,5]-48)*4+
(chars2[i2,4]-48)*8+(chars2[i2,3]-48)*16+(chars2[i2,2]-48)*32+
(chars2[i2,1]-48)*64+(chars2[i2,0]-48)*128;
}
for(int i2=0;i2<(data123+8)*8;i2++)
```

//将 LSB 替换后的字符串重新赋值给 data5 数组

```
{
        data10[i2]=(byte) a1[i2];//此时 data10 为嵌入秘密信息后的音频文件
}
//data10=data5;
for(int i=0;i<32;i++)
{
        listBox3.Items.Add(data10[i].ToString());
        //显示进行秘密替换后的音频信息
```

```
        }
    MessageBox.Show("隐藏成功");
}
```

3. 信息提取代码实现

```
string f=textBox4.Text;
//打开音频文件
FileStream fs= new FileStream(f,FileMode.Open,FileAccess.Read,
FileShare.Read); //读取音频数据流
byte[] data=new byte[fs.Length];                   //定义音频信息数据流所在的数组
int stream=fs.Read(data,0,data.Length);
byte[] data6=new byte[data.Length];       //所读取的音频信息的数组
data6=data;                               //给数组赋值
StringBuilder n6=new StringBuilder(0,data6.Length*8);    //创建动态字符串
StringBuilder b6=new StringBuilder(0,(data6.Length/2)*8);
string b2;
string b3;
string m6;
int wm=12;//秘密信息的长度
char[,] chars3=new char[data6.Length,8];
//用于盲检测的音频信息的数组,8 位的二维数组
char[] chars4=new char[data6.Length/8];      //保存秘密信息的数组
char[,] chars5=new char[wm,8];
    int h=0;
for(int i=0;i<data6.Length;i++)
{
    b2=Convert.ToString(data6[i],2);     //2 表示基数,用二进制表示
    int d=8-b2.Length;
    if(d==0)
    {
        b3=b2;
    }
    else
    {
        b3=new string('0',d)+b2;
    }//在转换成的二进制数前面补零,使其成为 8 位
    n6.Append(b3); //动态数组,在字符串后追加字符串
}
```

```
m6=Convert.ToString(n6);  // 使音频全部转换成二进制的字符串
int mu=m6.Length;          //转换后的字符串的长度
char[] chara=m6.ToCharArray();//字符串复制到字符数组,二进制数组
for(int i=0;i<data6.Length/8;i++)//按 LSB 算法提取出第 4 位的值
{
    for(int k=0;k<8;k++)
    {
        chars3[i,k]=chara[8*i+k];
    }
    chars4[i]=chars3[i,4]; //提取第 4 位的值
    d6=Convert.ToString(chars4[i]); //将提取出的第 4 位的信息转换为 string 形式
    b6.Append(d6);
    d6=Convert.ToString(b6);      //追加后动态产生字符串
    int um=d6.Length;//提取出的信息位数
}
for(int i=0;i<data6.Length/8;i++)
{
    if(String.Equals(d6.Substring(i,1),"1"))
    {
    if(String.Equals(d6.Substring(i,44),"111111110000111111110000111111
11000011111111"))
        {
            h=i+44;
            MessageBox.Show("同步信息匹配");
            if(String.Equals(d6.Substring(h,8),"10010001"))
            {
                MessageBox.Show("开始提取秘密信息");
                int m=h+8;
                for(int p=0;p<wm;p++)
                {
                    for(int q=0;q<8;q++)
                    {
                        chars5[p,q]=chars4[m+q+p*8];
                    }
                }
                //将提取出的秘密信息转化为十进制数
                int[] nn=new int[wm];
```

```
            for(int p=0;p<wm;p++)
            {
                    nn[p]=(chars5[p,0]-48)*128+(chars5[p,1]-48)*64+
(chars5[p,2]-48)*32+(chars5[p,3]-48)*16+(chars5[p,4]-48)*8+(chars5[p,5]-48)*4+
(chars5[p,6]-48)*2+(chars5[p,7]-48)*1;
            }
            //将提取出的秘密信息转化为十进制数
            char[] zf=new char[wm] ;
            zf1=new byte[wm]; //秘密信息恢复后存放数组
            for(int s=0;s<wm;s++)
            {
                zf[s]=(char) nn[s];
                zf1[s]=(byte) nn[s];
            }
            for(int d=0;d<wm;d++)
            {
                textBox5.Text+=zf[d].ToString();
            }
            MessageBox.Show("提取成功"+zf.Length.ToString());
            i=h+8+wm*8;
        }
      }
    }
  }
```

2.3　IP 语音隐秘通信程序设计

在 IP 电话网络通信的基础上，增加隐秘传输的功能，将秘密信息隐藏在语音中，连续不断地发送给对方。这可以为网络 QQ 和语音聊天等通信方式增强安全性。

在此，仍然采用 2.2 节的 LSB 信息隐藏算法。

2.3.1　设计思路

1. 系统工作流程设计

将通话两端连接成功后，就可以准备通信了。通信协议采用用户数据报协议（User Datagram Protocol，UDP）。语音隐秘通信流程如图 2-6 所示，表示了单次通信的工作流程。

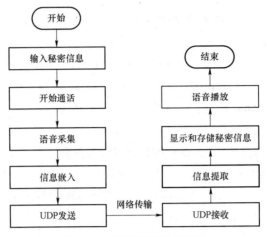

图 2-6　语音隐秘通信流程

2. 界面设计

在发送端，需要指定秘密信息或水印，如图 2-7 所示。在接听端，在接收语音的同时，执行信息提取功能，并显示提取的内容，如图 2-8 所示。

图 2-7　信息嵌入设计界面

图 2-8　信息提取设计界面

2.3.2　发送端关键代码

发送端关键代码主要指的是采用 LSB 算法实现信息嵌入功能。

```
private byte[] LSB(byte[] buff)
{
    int readCnt=0;
    if(this.hideinfo.Length==0)
    {
        MessageBox.Show("无隐藏信息");
    }
    else
```

```
    {
        readCnt=hideinfo.Length/2;
        byte[] lenBlock=ConvertToBinaryArray(readCnt);
        int index=0;
        buff[0]=(byte)((lenBlock[index++]==0)?(buff[0]&253):(buff[0]|2));
        buff[1]=(byte)((lenBlock[index++]==0)?(buff[1]&253):(buff[1]|2));
        buff[2]=(byte)((lenBlock[index++]==0)?(buff[2]&253):(buff[2]|2));
        buff[3]=(byte)((lenBlock[index++]==0)?(buff[3]&253):(buff[3]|2));
        buff[4]=(byte)((lenBlock[index++]==0)?(buff[4]&253):(buff[4]|2));
        buff[5]=(byte)((lenBlock[index++]==0)?(buff[5]&253):(buff[5]|2));
        buff[6]=(byte)((lenBlock[index++]==0)?(buff[6]&253):(buff[6]|2));
        buff[7]=(byte)((lenBlock[index++]==0)?(buff[7]&253):(buff[7]|2));
        buff[8]=(byte)((lenBlock[index++]==0)?(buff[8]&253):(buff[8]|2));
        buff[9]=(byte)((lenBlock[index++]==0)?(buff[9]&253):(buff[9]|2));
        buff[10]=(byte)((lenBlock[index++]==0)?(buff[10]&253):(buff[10]|2));
        buff[11]=(byte)((lenBlock[index++]==0)?(buff[11]&253):(buff[11]|2));
        buff[12]=(byte)((lenBlock[index++]==0)?(buff[12]&253):(buff[12]|2));
        buff[13]=(byte)((lenBlock[index++]==0)?(buff[13]&253):(buff[13]|2));
        buff[14]=(byte)((lenBlock[index++]==0)?(buff[14]&253):(buff[14]|2));
        buff[15]=(byte)((lenBlock[index++]==0)?(buff[15]&253):(buff[15]|2));
        for(int i=1;i<readCnt+1;i++)
        {
            byte[] info=new byte[1];
            info[0]=hideinfo[2*i-2];
            byte[] infoBlock=ConvertToBinaryArray(info);
            int index1=0;
            buff[i*16]=(byte)((infoBlock[index1++]==0)?(buff[i*16]&253):(buff[i*16]|2));
            buff[i*16+1]=(byte)((infoBlock[index1++]==0)?(buff[i*16+1]&253):(buff[i*16+1]|2));
            buff[i*16+2]=(byte)((infoBlock[index1++]==0)?(buff[i*16+2]&253):(buff[i*16+2]|2));
            buff[i*16+3]=(byte)((infoBlock[index1++]==0)?(buff[i*16+3]&253):(buff[i*16+3]|2));
            buff[i*16+4]=(byte)((infoBlock[index1++]==0)?(buff[i*16+4]&253):(buff[i*16+4]|2));
            buff[i*16+5]=(byte)((infoBlock[index1++]==0)?(buff[i*16+5]&
```

```
253):(buff[i*16+5]|2));
                    buff[i*16+6]=(byte)((infoBlock[index1++]==0)?(buff[i*16+6]&
253):(buff[i*16+6]|2));
                    buff[i*16+7]=(byte)((infoBlock[index1++]==0)?(buff[i*16+7]&
253):(buff[i*16+7]|2));
                    buff[i*16+8]=(byte)((infoBlock[index1++]==0)?(buff[i*16+8]&
253):(buff[i*16+8]|2));
                    buff[i*16+9]=(byte)((infoBlock[index1++]==0)?(buff[i*16+9]&
253):(buff[i*16+9]|2));
                    buff[i*16+10]=(byte)((infoBlock[index1++]==0)?(buff[i*16+
10]&253):(buff[i*16+10]|2));
                    buff[i*16+11]=(byte)((infoBlock[index1++]==0)?(buff[i*16+
11]&253):(buff[i*16+11]|2));
                    buff[i*16+12]=(byte)((infoBlock[index1++]==0)?(buff[i*16+
12]&253):(buff[i*16+12]|2));
                    buff[i*16+13]=(byte)((infoBlock[index1++]==0)?(buff[i*16+
13]&253):(buff[i*16+13]|2));
                    buff[i*16+14]=(byte)((infoBlock[index1++]==0)?(buff[i*16+
14]&253):(buff[i*16+14]|2));
                    buff[i*16+15]=(byte)((infoBlock[index1++]==0)?(buff[i*16+
15]&253):(buff[i*16+15]|2));
                }
            r.SendTo(buff,new IPEndPoint(IPAddress.Parse(this.textBox1.Text),
int.Parse(this.textBox3.Text)));
        }
        return buff;
    }
```

2.3.3 接收端关键代码

接收端关键代码主要指的是采用 LSB 算法实现信息提取功能。为了准确提取信息,需要先提取其长度,再提取其内容。

```
private String UNLSB(byte[] playbuff)
{
    byte[] contentBlock=playbuff;
    len=ExtractHidinglenBits(playbuff);    //提取信息长度
    len1=len[0];
    byte[] contentBitArray=ExtractHidinginfoBits(contentBlock);
```

```
//提取信息内容
        String  result=System.Text.Encoding.Default.GetString(contentBitArray,0,
contentBitArray.Length);
        return result;
    }
    //提取隐藏的信息长度
    private byte[] ExtractHidinglenBits(byte[] len)
    {
        byte[] buffer=new byte[1];
        buffer[0]=(byte)((len[0]&2)==0?(buffer[0]&127):(buffer[0]|128));
        buffer[0]=(byte)((len[1]&2)==0?(buffer[0]&191):(buffer[0]|64));
        buffer[0]=(byte)((len[2]&2)==0?(buffer[0]&223):(buffer[0]|32));
        buffer[0]=(byte)((len[3]&2)==0?(buffer[0]&239):(buffer[0]|16));
        buffer[0]=(byte)((len[4]&2)==0?(buffer[0]&247):(buffer[0]|8));
        buffer[0]=(byte)((len[5]&2)==0?(buffer[0]&251):(buffer[0]|4));
        buffer[0]=(byte)((len[6]&2)==0?(buffer[0]&253):(buffer[0]|2));
        buffer[0]=(byte)((len[7]&2)==0?(buffer[0]&254):(buffer[0]|1));
        buffer[0]=(byte)((len[8]&2)==0?(buffer[0]&127):(buffer[0]|128));
        buffer[0]=(byte)((len[9]&2)==0?(buffer[0]&191):(buffer[0]|64));
        buffer[0]=(byte)((len[10]&2)==0?(buffer[0]&223):(buffer[0]|32));
        buffer[0]=(byte)((len[11]&2)==0?(buffer[0]&239):(buffer[0]|16));
        buffer[0]=(byte)((len[12]&2)==0?(buffer[0]&247):(buffer[0]|8));
        buffer[0]=(byte)((len[13]&2)==0?(buffer[0]&251):(buffer[0]|4));
        buffer[0]=(byte)((len[14]&2)==0?(buffer[0]&253):(buffer[0]|2));
        buffer[0]=(byte)((len[15]&2)==0?(buffer[0]&254):(buffer[0]|1));
        return buffer;
    }
    //提取隐藏信息的内容
    private byte[] ExtractHidinginfoBits(byte[] content)
    {
        byte[] buf=new byte[len1];
        for(int i=0;i<len1;i++)
        {
        buf[i]=(byte)((content[i*16+16]&2)==0?(buf[i]&127):(buf[i]|128));
        buf[i]=(byte)((content[i*16+17]&2)==0?(buf[i]&191):(buf[i]|64));
        buf[i]=(byte)((content[i*16+18]&2)==0?(buf[i]&223):(buf[i]|32));
        buf[i]=(byte)((content[i*16+19]&2)==0?(buf[i]&239):(buf[i]|16));
```

```
buf[i]=(byte)((content[i*16+20]&2)==0?(buf[i]&247):(buf[i]|8));
buf[i]=(byte)((content[i*16+21]&2)==0?(buf[i]&251):(buf[i]|4));
buf[i]=(byte)((content[i*16+22]&2)==0?(buf[i]&253):(buf[i]|2));
buf[i]=(byte)((content[i*16+23]&2)==0?(buf[i]&254):(buf[i]|1));
buf[i]=(byte)((content[i*16+24]&2)==0?(buf[i]&127):(buf[i]|128));
buf[i]=(byte)((content[i*16+25]&2)==0?(buf[i]&191):(buf[i]|64));
buf[i]=(byte)((content[i*16+26]&2)==0?(buf[i]&223):(buf[i]|32));
buf[i]=(byte)((content[i*16+27]&2)==0?(buf[i]&239):(buf[i]|16));
buf[i]=(byte)((content[i*16+28]&2)==0?(buf[i]&247):(buf[i]|8));
buf[i]=(byte)((content[i*16+29]&2)==0?(buf[i]&251):(buf[i]|4));
buf[i]=(byte)((content[i*16+30]&2)==0?(buf[i]&253):(buf[i]|2));
buf[i]=(byte)((content[i*16+31]&2)==0?(buf[i]&254):(buf[i]|1));
    }
    return buf;
}
```

2.4 基于嵌入式平台的音频隐秘传输系统设计

嵌入式系统是以应用为中心，软件、硬件均可剪裁的专用计算机系统；而 Windows CE 操作系统是一款针对小型设备的通用操作系统。基于两者的特点融合，本节通过 C#语言开发出了嵌入式平台的实时语音隐秘通信系统。首先，实现 PC 与嵌入式设备的实时语音隐秘信息传输。然后，在其基础上，克服嵌入式设备资源限制，进一步实现嵌入式设备之间的实时语音隐秘传输。在两台设备相互传输实时语音的同时，利用改进的 LSB 算法，将秘密信息隐藏到实时语音中，利用提取算法将隐藏信息提取。算法采用同步码和分段的思想，具有较高的隐藏容量，每秒可嵌入 6 400 位隐秘信息，并具有很好的隐蔽性和实时性。

该改进的 LSB 算法，将秘密信息隐藏到数据的倒数第 2 位，在保证隐蔽性的前提下增强了算法的鲁棒性。同时，应用了分段隐藏与同步码技术，采用了拆分思想，将秘密信息先按照设置的数量等分成若干小段的秘密信息，将各小段的密文分别嵌入。这样即使有数据包丢失或者损害，也只损失一小部分内容，而不至于秘密信息提取不出来。接收方利用提取算法将秘密信息分别提取，再组合到一起，最终得到原始的秘密信息。

2.4.1 系统功能

本系统通过对语音信号进行分析，利用信息隐藏技术，将秘密信息隐藏到实时通话的语音信息中，而不会使语音发生人耳听觉系统可察觉到的变化。将隐藏秘密信息后的明文语音信息，通过一条公开的通信信道发送出去，在接收端利用信息隐藏的相应提取技术，把秘密信息从载秘语音中提取出来。

整个系统主要划分为以下五个模块：

（1）人机界面部分：负责 IP 地址和端口设置、嵌入起始位置设置、隐藏信息输入对话框等的显示。

（2）连接和传输模块：负责通信网络的连接、语音数据包的发送和接收，通信协议采用 UDP 协议。

（3）语音采集模块：负责实时语音的采集，利用声卡进行采集，频率为 8 kHz，单声道。

（4）语音播放：负责语音的实时播放。

（5）信息隐藏和提取部分。

2.4.2　实现技术

1. 音频采集与播放技术

音频采集流程和音频播放流程分别如图 2-9 和图 2-10 所示。

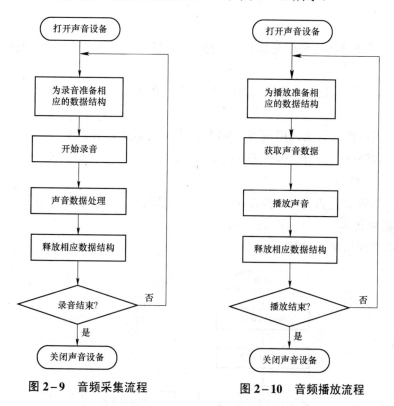

图 2-9　音频采集流程　　　　图 2-10　音频播放流程

2. 信息嵌入技术

信息嵌入流程如图 2-11 所示。

实时语音信息隐藏的具体步骤如下：

第 1 步：将文本秘密信息进行 unicode 编码转换，再将编码后的数据转换成二进制码流 M。

第 2 步：根据 N 值（单包嵌入数量），对秘密信息的二进制码流 M 进行分段，计算出段数 K，即隐藏全部秘密信息所需语音数据包个数为 K：

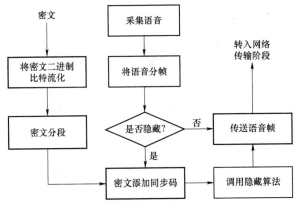

图 2-11 信息嵌入流程

$$K = \left\lceil \frac{M}{N} \right\rceil \tag{2-4}$$

其中，前 $K-1$ 段所含的秘密信息量相同，都为 N，最后一段含有的秘密信息长度小于或等于 N。

第 3 步：将分段后的秘密信息 m_i 添加同步码，形成 m_i'，i 从 1 开始计数，每执行一次，就 $i \leftarrow i+1$。

第 4 步：调用嵌入算法，用 m_i' 中比特替换语音数据倒数第 2 位。

第 5 步：将隐藏后的语音帧传送出去。

第 6 步：$K \leftarrow K-1$。

第 7 步：判断 K 是否为 0，若 $K=0$，秘密信息嵌入结束；否则，重复执行第 3 步。

3. 信息提取技术

信息提取流程如图 2-12 所示。

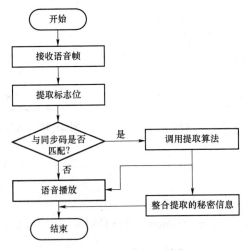

图 2-12 信息提取流程

实时语音提取过程如下：

第 1 步：对每个语音帧进行检测，检查该语音帧中是否含有同步码。若同步码匹配成功，则调用提取算法，将秘密信息提取出来；否则，不进行处理。

第 2 步：将提取到的秘密信息进行格式转换、组合。

第 3 步：重复执行前两步，最终将秘密信息全部提取出来。

4. 信息传输技术

实时音频隐秘传输系统的程序流程如图 2-13 所示。

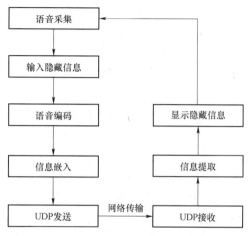

图 2-13　实时音频隐秘传输系统的程序流程

首先进行语音连接，然后进行语音通信。在通信的同时，发送端将秘密信息隐藏到通话语音中，形成混合语音，并将混合语音发送给接收端。接收端听到的混合语音无异常，并能够通过提取算法实时将秘密信息提取出来，能够到达隐秘通信的作用。

2.4.3　核心代码

1. 嵌入代码

```
private byte[] LSB(byte[] buff,byte[,] subinfo,int num)
    {
        int ssp=position;
        byte[] syn={ 1,0,0,0,0,1,1,1,0,1,1,0,0,1,0,1,0,0,0,0,1,1,1,0,
1,1,0,0,1,0,1};
        byte[]yiweimm=new byte[mbitnum];
        int mandsynlen=mbitnum+syn.Length*2;
        for(int i=0;i<mbitnum;i++)
        { yiweimm[i]=subinfo[i,num]; }
        byte[] mandsyn=new byte[mandsynlen];
        syn.CopyTo(mandsyn,0);
        yiweimm.CopyTo(mandsyn,syn.Length);
```

```
        syn.CopyTo(mandsyn,syn.Length +mbitnum);
        for(int i=0;i<mandsynlen;i++)
        {
                buff[i+ssp]=(byte)((mandsyn[i]==0)?(buff[i+ssp]&253):
(buff[i+ssp]|2));
        }
        return buff;
    }
```

2. 秘密信息分段代码

```
byte[] hideinfo=System.Text.Encoding.Unicode.GetBytes(this.richinfoText.Text);
    int len=hideinfo.Length;
    mBinaryArray=ConvertToBinaryArray(hideinfo,len);
    binfo=null;
    Stopwatch timer1=new Stopwatch();
    timer1.Start();
    if(len==0)
    {
        NN=0;
    }
    else
    {
        int N1=len*8/mbitnum;    //依据每个数据包中隐藏的字符个数将密文分段
        if(len*8%mbitnum==0)
        {
            //flag=N1;
            NN=N1;
        }
        else
        {
            //flag=N1+1;
            NN=N1+1;
        }
        time=new float[NN];    //用于在 voice_out 中计算每次嵌入的时间
    }
    if(NN!=0)
    {//将二进制密文和同步码的整合体分段
        int i=0;
```

```
    int j=0;
    for(i=0;i<NN-1;i++)          //对前 N-1 段进行分段
    {
        for(j=0;j<(i+1)*mbitnum;j++)
        {
            if(binfo==null||binfo.Length<mbitnum)
            {
                binfo=new byte[mbitnum,NN];
            }
            binfo[j%mbitnum,i]=mBinaryArray[j];
        }
    }
    if(i==NN-1)
    {
        for(j=i*mbitnum;j<len*8;j++)
        {
            // int aa=binarylen-i*mbitnum;
            if(binfo==null||binfo.Length<mbitnum)
            {
                binfo=new byte[mbitnum,NN];
            }
            binfo[j%mbitnum,i]=mBinaryArray[j];
        }
        for(j=len*8;j<(i+1)*mbitnum;j++)
        { binfo[j%mbitnum,i]=0; }
    }
}
```

3. UDP 连接

（1）声明 Socket：

```
udpClient.public Socket udpClient=new
Socket(AddressFamily.InterNetwork,SocketType.Dgram,ProtocolType.Udp);
```

（2）绑定 IP 地址及端口：

```
udpClient.Bind(new IPEndPoint(IPAddress.Any,int.Parse(this.textBox2.Text)));
```

2.4.4　系统测试

实验所用的嵌入式系统为 Windows CE 操作系统的 PXA270 开发板。开发板核心模块采用 Intel XScale PXA270 520 MHz 处理器。CPU 时钟频率最高可以提升到 624 MHz，

SDRAM 为 64 MB。内置了 Intel 的无线 MMX 技术，显著提升了多媒体性能。附加耳机和麦克风共两套。该开发板的响应时间：系统调用平均运行时间为 4.54 ms，任务切换时间为 52.70 ms，线程切换时间为 8.69 ms，任务抢占时间为 64.48 ms，中断响应时间为 2.80 ms。

实验参数设置：语音的采样频率 $f = 8$ kHz，语音的缓冲区定义大小 buf = 1 kB。通信协议为 UDP 协议。考虑到嵌入的秘密信息可能包含汉字，因此对字符的编码采用 Unicode 编码。一个缓冲区（即语音数据包）内嵌入的字符个数用 N 来表示，实验中将 1 000 字符作为秘密信息 M，嵌入实时语音，所需的语音数据包个数用 K 来表示。

连接服务器和客户机后，进行语音通信，在通信的同时，服务器将作为秘密信息的 1 000 字符嵌入正在通话的语音，而客户机丝毫没有感觉到通话过程中有异常，且能完整正确地提取秘密信息。

1. PC 与嵌入式系统之间的隐秘通信测试

利用有线网络使 PC 与嵌入式设备建立连接（图 2-14），分别创建适用于 Windows CE 操作系统和 Windows XP 操作系统下开发的工程，完成适用于 PC 和嵌入式设备（Windows CE 操作系统）的两个功能完全相同的实时语音信息隐秘传输系统。

本系统在 System32 下调用多媒体 API 函数，考虑到嵌入式系统与普通计算机系统的差异，在 Windows CE 操作系统中需要调用系统文件 coredll.dll，而在计算机端需要调用 winner.dll 文件。所以，在音频采集方面，嵌入式设备与 PC 端的编码差异很明显。

图 2-14　PC 与嵌入式设备建立连接

本系统采用 UDP 无连接方式实现两台设备相互实时语音。由于嵌入式设备受内存、声卡以及网络传输的影响，因此无法与硬件配置较高的 PC 相比。为了使嵌入式实时语音端更加稳定，本系统的音频采样频率取 8 000 Hz，采样精度取 8 位。在进行相互实时语音的同时，本系统利用改进的 LSB 算法，将秘密信息隐藏到实时语音中，再利用提取算法来提取隐藏信息。

2. 嵌入式系统之间的隐秘通信测试

利用有线网络使两台嵌入式设备之间建立连接，如图 2-15 所示。借助在 PC 端安装的 Microsoft ActiveSync 软件，通过 USB 接口与 PC 建立连接，将两台嵌入式设备同时运行已编译通过的嵌入式端程序。在运行界面，输入对方设备的 IP 地址，实现双方实时语音通话、秘密信息的隐藏和提取功能。

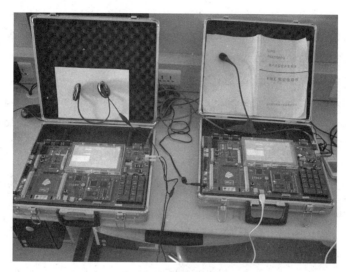

图 2−15　两台嵌入式设备建立连接

该系统具有以下特点：

（1）基于嵌入式系统，在操作系统、硬件驱动、编码技术、程序开发、实时处理和接口功能等诸多方面都具有显著的差异，虽然难度增大很多，但实用性强，具有良好的便携性。

（2）该系统综合了硬件设计、网络通信、信息隐藏技术、音频采集与编码、通信编码等技术，涉及的知识面广，实践性很强，具有一定创新性。

（3）改进的 LSB 算法将秘密信息隐藏到数据的倒数第 2 位，在保证隐蔽性的前提下增强了算法的鲁棒性。同时，算法采用了拆分的思想，可以避免在外界干扰下由于丢包现象而无法提取秘密信息的问题。

2.5　小结

本章着重阐述了音频隐秘通信技术与嵌入式系统的融合实现，分析了系统原理、嵌入和提取算法，并用高级语言实现。隐藏算法采用改进的 LSB 算法，将秘密信息隐藏到实时语音数据的倒数第 2 位，在保证隐蔽性的前提下增强了算法的鲁棒性。同时，应用了分段隐藏与同步码技术。结合 Windows CE 操作系统下的 PXA270 型嵌入式开发板，把音频隐秘传输的功能和特点很好地表现出来；利用基于时域 LSB 的保密语音嵌入和提取算法，实现了基于该算法的网络音频采集和信息隐藏。测试表明，该系统具有较满意的隐藏效果，且恢复的保密语音质量良好。

实验结果表明，嵌入隐秘信息后的语音在听觉上无异常，且具有较高的隐蔽性、安全性和实时性，可以应用于隐秘通信。该技术是在 Windows CE 操作系统下搭建的嵌入式开

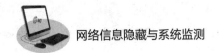

发环境，实现了 PC 与嵌入式系统，以及嵌入式系统之间的隐秘通信。

参考文献

［1］ Nedeljko Cvejic，Tapio Seppanen. A Wavelet Domain LSB Insertion Algorithm for High Capacity Audio Steganography［C］. In Proc. IEEE Digital Signal Processing Conference，Toulouse，France，September 2002：69－72.

［2］ Nedeljko Cvejic，Tapio Seppanen. Increasing the Capacity of LSB－based Audio Steganography［J］. In Multimedia Signal Processing IEEE，2002：336－338.

［3］ 刘秀娟，郭立，邱天. 改进的大容量多分辨率 LSB 音频隐写算法［J］. 计算机工程与应用，2006，42（30）：23－25.

［4］ 胡东，刘晓云. 使用频域 LSB 水印算法的鲁棒性分析［J］. 电子科技大学学报，2006，35（5）：770－773.

［5］ 李文治，张晓明，殷雄. 基于 LSB 和量化思想的倒谱域音频水印算法［J］. 计算机应用，2010，30（3）：705－707.

［6］ 殷雄. 音频信息隐藏技术在隐秘通信中的研究［D］. 北京：北京化工大学，2008.

第 3 章　新颖音频水印算法设计

音频水印技术，是指在音频媒体中嵌入适当的水印来保护音频。要产生性能优良的音频数字水印，就必须研究音频特性和合适的信号处理技术。

本章重点研究三种新颖的音频水印算法设计：直方图特性算法、能量关系算法和倒谱变换。

3.1　基于音频统计特性的鲁棒水印算法

在音频水印算法中，低通滤波（Low-Pass Filter，LPF）和时长调整（Time-Scale Modification，TSM）的破坏性都很强。普通的水印算法只能抵抗 LPF 或 TSM 中的一种攻击。例如，在抵抗 TSM 处理方面，文献［1］利用特征集建立水印定位的方法，并通过加性运算实现了嵌入和提取过程，能够抵抗变化率高达±12%的 TSM 攻击；文献［2,3］的算法只能够抵抗变化率为±4%的 TSM 攻击。在抵抗 LPF 处理方面，文献［4］利用噪声敏感度，在 DCT 域设计的算法能够较好地抵抗截止频率为 4 kHz 的 LPF 攻击；而文献［5］的算法只有部分抵抗 LPF 攻击的能力。少量算法能够同时抵抗这两种攻击。例如，文献［6］较早地采用了 TSM 技术修改时间轴间距，结合自适应量化方法，使算法在小波域能够抵抗截止频率为 4 kHz 的 LPF 攻击和变化率为±2%的 TSM 攻击。文献［7］在倒谱域利用了均值的不变性，结合 BCH 纠错技术，使水印算法能够抵抗截止频率低至 4 kHz 的 LPF 攻击和变化率达到±5%的 TSM 攻击。文献［8］采用扩频技术抵抗截止频率为 6 kHz 的 LPF 攻击和变化率为±3%的 TSM 攻击。此外，TSM 攻击又包括基频不变 TSM 和重采样 TSM 两种。文献［9］利用直方图特性建立的算法能抵抗变化率高达±30%的基频不变 TSM 攻击，却不能抵抗 7 kHz 及以下截止频率的 LPF 攻击。文献［10］进一步在小波域采用了该直方图特性算法，能够抵抗截止频率为 6 kHz 的 LPF 攻击和变化率为±5%的重采样 TSM 攻击，且隐藏容量由时域算法的 60 位减少到 40 位。可见，目前的算法还难以抵抗截止频率低至 4 kHz 的 LPF 处理和变化率高于±10%的 TSM 攻击。

本章将提出一种基于小段音频划分和隐藏的新颖直方图特性方法，既能够保持其抵抗 TSM 攻击的优势，又能够增强抵抗 LPF 攻击的性能，并显著增大隐藏容量。

3.1.1　数据分析与特征选取

1. 新颖直方图特性的分析与设计

文献［9］提出了基于 3 个连续直方（Bin）样本的关系，即

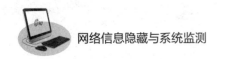

$$\beta_3(k) = \frac{2h(k+1)}{h(k)+h(k+2)} \tag{3-1}$$

式中，$h(k)$——直方图中第 k 个 Bin 的样本数；

$\beta_3(k)$——第 k 个 Bin 与前后 2 个 Bin 之间的样本数量关系。如果$\beta_3(k)$大于设定的阈值，则认为隐藏了比特"1"，否则认为隐藏了比特"0"。

当实际值不符合这个规则时，就需要通过调整 Bin 的样本来满足该规则。这种算法能够很好地抵抗 TSM 攻击，但是其隐藏容量小，抵抗 LPF 攻击的能力较差，且数据范围选择只适用于期望值为 0 的正态分布。由式（3-1）可知，为了满足隐藏规则，位于中间的 Bin 需要承受来自两旁 Bin 的样本增减变化，导致中间 Bin 的样本变化很大，影响隐藏性能。

因此，本章提出一种平衡改进的思路，即构造 2 个 Bin，以承受另外 2 个 Bin 的变化要求，从而使平衡到每个 Bin 的样本变化量大大减小。设计如下公式来计算 4 个连续 Bin 之间样本数量的关系[11-13]：

$$\beta_4(k) = \frac{h(k)+h(k+3)}{h(k+1)+h(k+2)} \tag{3-2}$$

文献［11］表明，该值在受到 LPF 攻击后变化很小，仅在 ±5% 的范围内变化。这为音频算法的设计提供了重要基础。可以设想，在算法中只要使比特"1"和"0"分别位于该区间外的两侧，就能保证隐藏成功。

2. 数据范围分析与设计

对于直方图特性水印算法，在 Bin 之间的间距一定时，数据范围与 Bin 的样本数之间存在协调关系。范围越大，Bin 的数量就越多，隐藏容量也相应提高。但是，对于靠近直方图两外侧的 Bin 而言，每个 Bin 的样本数较小，甚至无法实现算法中样本数的调整要求，使隐藏效果受到影响。反之，缩小数据范围后，虽然减少了 Bin 的数量，隐藏水印容量下降，但由于每个 Bin 的样本数仍较大，在算法实现时具有足够多的样本参与调整，所以能够保证隐藏的鲁棒性。由此可知，数据范围的正确选择很重要。

文献［11］表明，音频数据在低通滤波处理前后的音频均值和标准差的变化率分别小于 2% 和 0.5%。可见，音频均值和标准差表现为不变特征，尤其是标准差的变化很小，可以用于数据范围设计。

假设音频数据 X 的数学均值和方差分别为 μ 和 σ^2，则对于任意正数ε，数据概率 P 具有如下切比雪夫（Chebyshev）不等式：

$$P\{|X-\mu|<\varepsilon\} \geqslant 1-\frac{\sigma^2}{\varepsilon^2} \tag{3-3}$$

可见，给定最小概率就能确定数据计算范围。在正态分布下，可以由标准差 σ 建立数据概率的取值。对于任意正数 k，令$\varepsilon = k\sigma$。基于正态分布的对称性及标准差 σ 的不变性，数据范围 A 可以表示为

$$A = [\mu - k\sigma, \mu + k\sigma] \tag{3-4}$$

显然，数据间距为 $2k\sigma$。对于其他分布，仍然能够按照式（3-4）来获取数据范围，

这样便能够保证范围的统一性。

3.1.2　小段划分与隐藏的设计思路

文献［9］的算法是将整个音频段作为隐藏部分。从表面上看，由于全部数据都参与了直方图的构成，冗余性大，在嵌入算法中供调整用的数据量充足，能够获得好的隐藏效果。但是实际上并非如此，主要存在以下两个明显的问题：

（1）隐藏水印信息较少时，直方图中每个 Bin 的值都很大。如图 3-1 所示为嵌入 30 位水印前后的音频数据直方图，Bin 的最大样本数高达 1.4×10^4。在嵌入过程中，音频数据的调整数量也需要很大。这不但严重降低了音频载体的信噪比，而且会在含水印的音频直方图中表现出许多尖锐的毛刺，如图 3-1（b）所示。经过低通滤波处理后，这种突变绝大多数会被削平，从而影响水印提取效果。

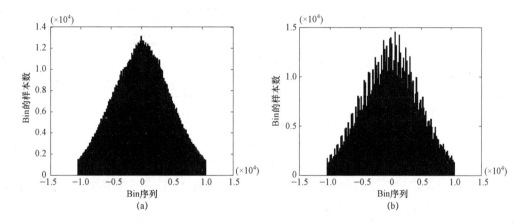

图 3-1　嵌入水印前后的音频数据直方图
（a）嵌入水印前；（b）嵌入水印后

（2）隐藏水印信息较多时，由于直方图的设计范围是一定的，直方图中 Bin 的间距明显变小，相邻 Bin 之间的数据差异也较小。经过 LPF 等处理后，数据很容易发生变化，变为相邻 Bin 的数据。如果将载体划分为许多小段，使每段只隐藏少量的水印信息，则每段直方图中 Bin 的数量将直接减少（最少应为水印比特数量的 4 倍）。已知直方图的数据范围一定，Bin 的数量越小，在嵌入算法中需要调整的音频数据量就越小；同时，Bin 的尺寸变得越大，使各个 Bin 之间的分界就越明显。例如，图 3-1（a）中 Bin 的尺寸为 174，而划分小段隐藏后 Bin 的尺寸在 350 以上。这样，含水印的音频在受到低通滤波等攻击后，数据的轻微变化不容易影响直方图的特性，从而能够确保水印信息的正确提取。因此，只要通过小范围分段的直方图计算，控制好每段的数据量和待隐藏水印信息量，就能够在保持直方图特性的基础上获得更好的鲁棒性，总体上的水印容量也能够得到提高。

3.1.3　分段水印算法设计

按照小段划分与隐藏方法，设计每段仅隐藏 m 个比特信息，则每段直方图中需要 $4m$

个 Bin[12,13]。为了保证分段后所有直方图的特性计算一致，当最后一段比特信息的数目少于 m 个时，就需通过填充"0"来满足要求。不妨假设要将 L 个比特序列 $W=\{w(i)|i=1,2,\cdots,L\}$ 隐藏到音频载体中，则需要划分音频的段数为 $S=L/m$。S 个直方图的计算为

$$H(i,k)=\{h(i,k)|i=1,2,\cdots,S;k=1,2,\cdots,4m\} \qquad (3-5)$$

1. 小段划分的水印嵌入算法设计

分段水印嵌入流程如图 3-2 所示。

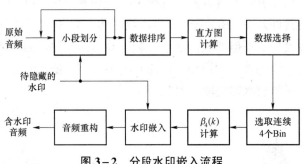

图 3-2 分段水印嵌入流程

假定直方图中 4 个相邻 Bin 分别表示为 bin1、bin2、bin3 和 bin4，其样本数分别为 a、b、c 和 d。采用下列规则嵌入 1 位的水印信息：

$$\begin{cases}(a+d)/(b+c)\geqslant T_1, & w(i)=1\\(a+d)/(b+c)\leqslant T_2, & w(i)=0\end{cases} \qquad (3-6)$$

式中，T_1,T_2——设定的 2 个阈值，用于控制水印鲁棒性。一般应该取值 $T_1>1.05$ 和 $T_2<0.95$[11]。

下面分别阐述水印比特"1"和"0"的嵌入过程。

（1）嵌入比特为"1"。如果 $(a+d)/(b+c)\geqslant T_1$，则正好符合嵌入要求，不需要调整数据。否则，需要调配 a、b、c 和 d 之间的样本数量，直到满足 $(a+d)/(b+c)\geqslant T_1$。假设从 bin2 中取出 I_2 个样本并调配到 bin1 中，从 bin4 中取出 I_3 个样本并调配到 bin3 中，并用 a'、b'、c' 和 d' 分别表示嵌入水印比特后的相应样本数，则有 $a'=a+I_2$，$b'=b-I_2$，$c'=c-I_3$，$d'=d+I_3$。调配规则如下：

$$\begin{cases}f'_2(i)=f_2(i)-M, & 1\leqslant i\leqslant I_2\\f'_3(i)=f_3(i)+M, & 1\leqslant i\leqslant I_3\end{cases} \qquad (3-7)$$

式中，$f_2(i)$，$f_3(i)$——bin2 和 bin3 中第 i 个待调整样本，$f'_2(i)$、$f'_3(i)$ 分别为其对应的调整后的第 i 个样本。

令 $I=I_2+I_3$，$b/c=I_2/I_3$，使被更改的样本数目与 Bin 中的原样本数成线性关系。于是，由 $(a'+d')/(b'+c')\geqslant T_1$，进一步推导得到

$$I\geqslant[T_1(b+c)-a-d]/(1+T_1) \qquad (3-8)$$

（2）嵌入比特为"0"。如果 $(a+d)/(b+c)\leqslant T_2$，则正好符合嵌入要求，不需要调整数据。否则，需要分别从 bin1 中取出 I_1 个样本并调配到 bin2 中，从 bin4 中取出 I_4 个样本并调配到 bin3 中。调配规则如下：

$$\begin{cases} f_1'(i) = f_1(i) + M, & 1 \leq i \leq I_1 \\ f_4'(i) = f_4(i) - M, & 1 \leq i \leq I_4 \end{cases} \qquad (3-9)$$

式中，$f_1(i)$，$f_1'(i)$ ——bin1 中的第 i 个调整前后的样本；

$f_4(i)$，$f_4'(i)$ ——bin4 中的第 i 个调整前后的样本。

于是，有 $a' = a - I_1$，$b' = b + I_1$，$c' = c + I_4$，$d' = d - I_4$。同样，令 $I = I_1 + I_4$，$a/d = I_1/I_4$，使被更改的样本数目与 Bin 中的原样本数成线性关系。根据 $(a' + d')/(b' + c') \leq T_2$，可推导得到以下样本计算公式：

$$I \geq [(a + d)/T_2 - b - c]/(1 + 1/T_2) \qquad (3-10)$$

2. 水印提取方法设计

水印提取过程与嵌入过程的前半部分基本相同。受各种攻击影响，在嵌入过程中计算的不变特征值会有一定的偏移。因此，在提取过程中，对计算的均值 μ' 需要设定一个误差比率 Δ，使均值的搜索范围为 μ' $(1 \pm \Delta)$。设某段直方图中的某 4 个相邻 Bin 的样本数分别为 a''、b''、c'' 和 b''，则当前提取的比特为

$$w'(i) = \begin{cases} 1, & (a'' + d'')/(b'' + c'') \geq 1 \\ 0, & \text{其他} \end{cases} \qquad (3-11)$$

3. 分段性能分析

为了分析小段隐藏性能，需要对分段前后音频数据的调整数量进行计算。假设 I_A 为按照文献 [4] 算法调整的样本更新数，I_B 为按照本章分段算法调整的样本更新数，两者之差为 $\Delta I = I_A - I_B$。按照式（3-7）的描述，可得嵌入比特"1"的样本更新数为

$$\left. \begin{aligned} I_A &\geq \frac{T_1(b_1 + c_1) - a_1 - d_1}{1 + T_1} \\ I_B &\geq \frac{T_1(b_2 + c_2) - a_2 - d_2}{1 + T_1} \end{aligned} \right\} \qquad (3-12)$$

令 S_A 为不分段直方图 H_A 中的最小 Bin 样本数，S_B 为分段直方图 H_B 的最小 Bin 样本数。显然，S_A 比 S_B 大得多。令 $\Delta S = S_A - S_B$，则

$$\left. \begin{aligned} b_1 + c_1 - b_2 - c_2 &\approx 2\Delta S \\ a_1 + d_1 - a_2 - d_2 &\approx 2\Delta S \end{aligned} \right\} \qquad (3-13)$$

于是，可以推导 ΔI 为

$$\Delta I \geq \frac{2(T_1 - 1)\Delta S}{T_1 + 1} \qquad (3-14)$$

按照实验结果，阈值 $T_1 \in (1.05, 2)$，则有

$$\Delta I \in \left(\frac{2}{41}\Delta S, \frac{2}{3}\Delta S \right) \qquad (3-15)$$

与此相似，当嵌入比特"0"时，有

$$\Delta I \geq \frac{2(1 - T_2)\Delta S}{1 + T_2} \qquad (3-16)$$

由于 $T_2 \in (0.5, 0.95)$，则 ΔI 可以表示为

$$\Delta I \in \left(\frac{2}{39} \Delta S, \frac{2}{3} \Delta S \right) \qquad (3-17)$$

可见，分段算法能够大幅度减少音频载体的改变数量，显著提高信噪比，明显改善水印隐藏性能。

3.1.4 实验分析

采用与文献［9］相同的音频载体，采样频率为 44.1 kHz，样本精度为 16 位，音频长度为 20 s。将该音频分为若干小段，每段只隐藏 10 个比特信息。式（3-4）中的 k 取值为 2.0，式（3-6）的 T_1 取值为 1.4，且 $T_2 = 1/T_1$。

段的数量与待隐藏水印有关。为了验证本算法的鲁棒性和隐藏能力，设计了两种待隐藏水印：第 1 种是长度为 60 的比特序列，音频载体划分为 6 小段；第 2 种是图像水印，分别采用"北"和"北京"两个汉字图像（图 3-3），长度分别为 180 位和 345 位，需要分别将载体划分为 18 小段和 35 小段。

(a)　　　　　　　　(b)

图 3-3　待隐藏的原始图像水印

（a）水印"北"；（b）水印"北京"

1. 水印隐藏效果分析

水印隐藏前后的某段数据直方图如图 3-4（a）、（b）所示；含水印的音频进一步经过截止频率为 6 kHz 的 LPF 后，其直方图如图 3-4（c）所示。所有 Bin 的最大样本数不超过 1 200，这有助于调整算法。

从图中可以看出，音频直方图在水印嵌入前后发生了较大变化，原本变化平缓的图形在嵌入水印后出现了许多毛刺，这是嵌入算法中调整 Bin 样本的结果。在经过截止频率为 6 kHz 的 LPF 处理后，直方图中的多数尖锐变化被削平，使数据分布与嵌入前的基本相似。这要求算法能够在滤波处理后仍然保持应有的隐藏特性，水印隐藏后的直方图上出现的毛刺越小越好，最好继续保持平缓的变化。由于毛刺的产生与改变的数据量直接相关，因此应尽量减少数据改变量。

下面考虑每小段数据的更改情况。

按照式（3-15）和式（3-17），存在以下两个不同的 ΔI 值：

$$\begin{cases} \Delta I \geqslant \dfrac{2 \times (1.4-1)}{1.4+1} \Delta S = 0.333 \Delta S, & w(i)=1 \\[3mm] \Delta I \geqslant \dfrac{2 \times (1-0.714)}{1+0.714} \Delta S = 0.166 \Delta S, & w(i)=0 \end{cases} \qquad (3-18)$$

图 3-1（a）所示直方图中 Bin 的最小样本数约为 1 500，图 3-4（a）所示直方图中
Bin 的最小样本数为 200 左右，可得 $\Delta I \in (217, 467)$。同样，图 3-1（a）和 3-4（a）中用
于计算 $\beta_4(k)$ 的 Bin 的最大样本数分别为 13 000 和 1 200，其差值为 11 800，从而得到 $\Delta I \in$
(1 967, 3 933)。可见，采用小段划分前后的数据调整量相差非常明显。

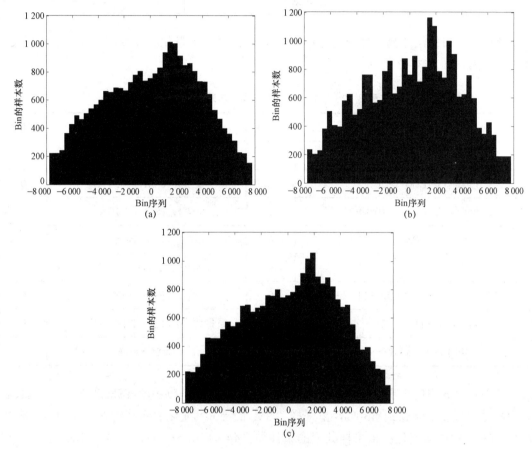

图 3-4　某分段数据的三种状态直方图

（a）原始状态；（b）嵌入水印"北京"后；（c）嵌入水印"北京"并经过 LPF 后

2. 鲁棒性分析

下面通过与文献［9］的算法进行比较，考查本节算法的效果。通过采用相同载体、隐
藏相同长度（60 位）的水印，以 10 阶巴特沃思滤波器（Butterworth filter）进行不同截止
频率的低通滤波处理，分别计算误码率（BER），得到的结果如表 3-1 所示。显然，本节
算法更加优越。

表 3-1　抵抗 LPF 攻击的 BER 比较　　　　　　　　　　　　　%

LPF/kHz	文献［9］的算法	本节算法
7	3.3	0
6	15.0	0

LPF/kHz	文献［9］的算法	本节算法
5	26.7	3.3
4	26.7	0

此外，本节算法还具有优异的抵抗 TSM、重采样、重量化、音量调整和 MP3 处理等攻击的能力，如表 3－2 所示。

表 3－2　抵抗 TSM 等常规攻击的实验结果

攻击类型	BER/%	攻击类型	BER/%
基频不变 TSM（+30%）	5.0	重采样 TSM（±30%）	0
基频不变 TSM（+20%）	3.3	重采样 TSM（±20%）	0
基频不变 TSM（+10%）	1.7	重采样 TSM（±10%）	0
基频不变 TSM（−20%）	0	MP3 编码（128 kbps）	0
基频不变 TSM（−30%）	0	MP3 编码（64 kbps）	6.7
重采样（44.1 kHz→64 kHz→44.1 kHz）	0	音量变化（±50%）	0
重采样（44.1 kHz→11.025 kHz→44.1 kHz）	0	重量化（16 位→32 位→16 位）	0
重采样（44.1 kHz→6 kHz→44.1 kHz）	0	重量化（16 位→8 位→16 位）	0

其中，百分比值表示对应数据处理的变化率，例如，基频不变 TSM 的+30%变化表示音频在时间尺度上伸长到 130%，重采样 TSM 的±30%变化表示音频在时间尺度上发生 70%～130%的伸缩变化；重采样处理的条件如"44.1 kHz→64 kHz→44.1 kHz"表示采样频率从 44.1 kHz 采样到 64 kHz，再下采样到 44.1 kHz 的过程；重量化处理的条件如"16 位→32 位→16 位"表示量化精度由 16 位上升到 32 位，再返回 16 位的过程。

3. 大容量隐藏性能分析

设计将汉字图像"北"和"北京"分别隐藏到时长为 20 s 的音频载体中，其带宽分别达到 9 bps 和 17.5 bps 的隐藏容量。采用同样的低通滤波处理后，提取的水印如表 3－3 所示。

表 3－3　隐藏水印"北"和"北京"的抗 LPF 攻击性能

LPF/kHz	提取水印"北"		提取水印"北京"	
	图像	BER/%	图像	BER/%
8		0.1		4.6

LPF/kHz	提取水印"北"		提取水印"北京"	
	图像	BER/%	图像	BER/%
7		1.7		4.9
6		1.7		7.8
5		4.4		14.0
4		7.8		18.0

可以看出，经过截止频率为 4 kHz 的 LPF 攻击后，提取的水印"北"仍然比较清晰。经过截止频率为 6 kHz 的 LPF 攻击后，提取水印"北京"也依然可辨。然而，如果采用文献［9］中算法试图隐藏这种大容量的水印信息，仅在嵌入阶段即告失败。

4. 结果分析

（1）基于直方图 3～4 个连续 Bin 的样本关系能够稳定在 ±5% 的变化范围内，具有优异的不变特性。

（2）利用概率统计分析来确定水印隐藏的数据范围，具有选取方便、通用性强的优点。

（3）设计的小段划分与隐藏方法，只需少量数据参与直方图调整运算，既容易达到隐藏要求，又能够较好地保持音频载体的原有特性。

（4）本节算法不但能够保持抵抗变化率为 ±10% 的 TSM、音量缩放、MP3 压缩等攻击的优异性能，而且具有很强的抵抗截止频率为 4 kHz 的 LPF 攻击能力。同时，其隐藏带宽获得了显著提高，是已有算法的 6 倍。

3.2　基于小波变换的能量关系音频水印算法

音频信号在本质上是非平稳信号，在不同时间的音频信号，它的频域特性随时间的变化而变化，也就是说，它们是时变信号。小波变换将信号分解到时域和尺度域上，不同的尺度对应于不同的频率范围，因此对于音频这样的时变信号，小波变换是很适合的工具。

相比之下，离散小波变换（Discrete Wavelet Transform，DWT）域音频信息隐藏比离散余弦变换（Discrete Cosine Transform，DCT）域音频信息隐藏更有优越之处。DCT 仅将时域变换到频域，没有利用音频的时间 – 频率特性，而这种时间 – 频率特性正好与人类的某些特性听觉特性一致。另外，DWT 可以采用音频融合技术将水印分散到载体音频的多个尺度，使水印的鲁棒性更强[14-17]。将秘密信息隐藏在低频部分有较好的稳健性；将秘密信息隐藏在高频部分则有更好的隐秘性。因为人的视觉和听觉对低频更敏感，而压缩和低通滤波则会损伤更多的高频部分。

水印算法一般主要包括两个过程：水印嵌入和水印提取。为了提高水印的鲁棒性和安全性以及改善嵌入效果，通常在水印嵌入前对水印及音频信号进行预处理或引入同步技术等。

通常，基于小波变换的音频水印算法原理框图如图 3-5 所示。

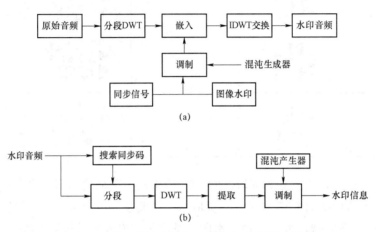

图 3-5　基于小波变换的音频水印算法原理框图
(a) 嵌入；(b) 提取

DWT 对高频采用高时间分辨率和低频率分辨率，而对低频采用高频率分辨率和低时间分辨率。这种分析就好像人耳的时频分辨率特性。在实际应用中，在原始音频信号中选取 N 个采样点数据用于嵌入水印，对原始数字音频信号进行 L 级小波分解。为了提高安全性，除了对水印图像进行加密外，还可以在水印嵌入小波系数的过程中采用散列技术。

3.2.1　同步码的产生与检测

实际的应用中通常采用 m 序列来作为同步码。通常将 m 序列中的 0 变为 -1，这样在嵌入音频的过程中更加容易定位，并且更容易计算两个序列的相关函数。若 $\{a_n\}$ 和 $\{b_n\}$ 是具有相同周期 p 的两个 m 序列，$a_n, b_n \in \{-1, 1\}$，$n \in [1, p]$，则它们的相关函数被定义为

$$\rho_{a,b}(\tau) = \frac{1}{p} \sum_{n=1}^{p} a_n b_{n-\tau} \tag{3-19}$$

式中，τ ——时间延迟。

m 序列的自相关函数为

$$\rho_{a,a}(\tau) = \begin{cases} 1, & \tau = 0 \\ -1/p, & \tau \neq 0 \end{cases} \tag{3-20}$$

设 $\{a_n\}$ 是作为同步信号的原始 m 序列，$b_n \in \{-1, 1\}$ 是一个待检测的序列，若满足如下

条件：

$$\rho_{a,b}(0) \geqslant T / p \qquad\qquad (3-21)$$

则 $\{b_n\}$ 是一个同步信号（其中 T 是一个适当的阈值，取奇数）。阈值的意义是：如果待检测序列最多只有 $(p-T)/2$ 个比特信息与 $\{a_n\}$ 不同，那么就认为 $\{b_n\}$ 是一个同步信号。

3.2.2　水印的嵌入算法

1. 水印预处理

水印选取一幅二值图像，假设水印 W 是 $M_1 \times M_2$ 二值图像，它可以表示为

$$W = \{w(i, j), 1 \leqslant i \leqslant M_1, 1 \leqslant j \leqslant M_2, w(i, j) \in \{0,1\}\} \qquad (3-22)$$

首先对二值图像进行降维处理，将二值图像变为一维序列：

$$W_1 = \{w_1(k) = w(i, j), 1 \leqslant i \leqslant M_1, 1 \leqslant j \leqslant M_2, k = i \times M_2 + j, w(i, j) \in \{0,1\}\} \quad (3-23)$$

混沌加密主要是利用线性移位生成一串密钥流，然后将密钥流与序列 W_1 进行模 2 相加，得到密文流 W_2。将同步信号与密文流混合，形成要嵌入的秘密信息。要隐藏的秘密信息的结构如图 3-6 所示。

| … | 同步码 | 水印信息 | 同步码 | 水印信息 | … |

图 3-6　隐藏数据的结构

2. 水印嵌入

假设 A 是原始的数字音频信号，其数据个数为 N，它可以表示为

$$A = a(n), 1 \leqslant n \leqslant N \qquad\qquad (3-24)$$

式中，$a(n)$——第 n 个数据的幅度值，$a(n) \in \{0,1,\cdots,(2^p-1)\}$，$p$ 为表示每个数据所用的信息位数。

（1）对音频信号分段。假设每个音频段的数据个数为 L，在每个数据段中要嵌入 1 位水印值。若要嵌入水印的全部 $M_1 \times M_2$ 个像素，则原始数字音频信号的数据个数必须满足以下条件：

$$\left\lfloor \frac{N}{L} \right\rfloor \geqslant M_1 \times M_2 \qquad\qquad (3-25)$$

为了方便讨论，将式（3-25）中的原始数字音频信号分解为两部分：与水印嵌入有关的部分和与水印嵌入无关部分，即

$$A = A_e + A_r \qquad\qquad (3-26)$$

其中，

$$A_e = \{a(n), 1 \leqslant n \leqslant (M_1 \times M_2 \times L)\} \qquad\qquad (3-27)$$

是数字音频信号中与水印嵌入相关的部分，它将包含水印信息；

$$A_r = \{a(n), (M_1 \times M_2 \times L < n) \leqslant N\} \qquad\qquad (3-28)$$

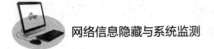

是与水印嵌入无关的部分，它在水印的嵌入前后保持不变。将用于水印嵌入的音频数据部分 A_e 分成 $M_1 \times M_2$ 个数据段，设 $A_e(k)$ 是第 k 个音频数据段，它可表示为

$$A_e(k) = \{a(kL+i), 1 \leqslant k \leqslant (M_1 \times M_2), 1 \leqslant i \leqslant L\} \tag{3-29}$$

（2）对每一音频数据段 $A_e(k)$ 分别作一层离散小波变换。

$$D_e = \{CD_e(k) = DWT(A_e(k)), 1 \leqslant k \leqslant (M_1 \times M_2)\} \tag{3-30}$$

式中，

$$CD_e(k) = \{Cd_e(k)(t), L/2 \leqslant t \leqslant L\} \tag{3-31}$$

式中，$Cd_e(k)(t)$ ——第 k 个音频数据段 $A_e(k)$ 的离散小波变换中的第 t 个高频系数。

分别将每个音频数据段的高频小波系数分为两段，并分别计算每段的能量。

$$E_1(k) = \sum_{t=0}^{\frac{L}{4}-1} (Cd_e(k)(t))^2 \tag{3-32}$$

$$E_2(k) = \sum_{t=L/4}^{L/2} (Cd_e(k)(t))^2 \tag{3-33}$$

分别计算每个音频数据段的高频小波系数所更改的放大增益。

计算前面 $L/4$ 个采样点的放大增益：

$$\beta_1(k) = \begin{cases} \sqrt{\beta \times E_2(k)/E_1(k)}, & w(i)=1 \text{且} E_1(k)/E_2(k) < \beta \\ 1, & \text{其他} \end{cases} \tag{3-34}$$

计算后面 $L/4$ 个采样点的方法增益：

$$\beta_2(k) = \begin{cases} \sqrt{\beta \times E_1(k)/E_2(k)}, & w(i)=0 \text{且} E_2(k)/E_2(k) < \beta \\ 1, & \text{其他} \end{cases} \tag{3-35}$$

式中，β ——嵌入强度，是信息隐藏的关键之一。

由于不可感知性和鲁棒性相互矛盾，因此随着嵌入强度的增加，鲁棒性也会随之提高，但不可感知性会随之变差。因此，β 的取值应该根据水印的具体应用来适当选取。

（3）根据 $\beta_1(k)$ 和 $\beta_2(k)$ 的值来修改高频系数，从而将秘密信息嵌入音频载体。

$$CD'_e(k) = \begin{cases} Cd'_e(k,t) \times \beta_1(k), & 0 \leqslant t \leqslant L/4 \\ Cd'_e(k,t) \times \beta_2(k), & L/4 < t \leqslant L/2 \end{cases} \tag{3-36}$$

将嵌入水印后的音频段做离散小波反变换 IDWT，得到数字音频信号中的含水印信息的部分：

$$A'_e(k) = IDWT(CD') = \{IDWT(CD'_e(k)), 1 \leqslant k \leqslant (M_1 \times M_2)\} \tag{3-37}$$

（4）在下一段嵌入水印。

（5）将所有的帧合并在一起。为了抵抗裁剪同步攻击，在音频中将秘密信息嵌入多份。

3.2.3 水印的提取算法

上述水印嵌入算法使用了能量关系的比较过程，因此在水印的提取过程中不需要原始

的数字音频信号 A，这是一种盲提取算法。假设 A_s 是待检测的音频信号，则提取水印的过程如下：

$$A_s = A_{es} + A_{rs} \qquad (3-38)$$

式中，

$$A_{es} = \{a_s(n), 1 \leqslant n \leqslant (M_1 \times M_2 \times L)\} \qquad (3-39)$$

是数字音频信号中与水印嵌入相关的部分，它将包含水印信息；

$$A_{rs} = \{a_s(n), (M_1 \times M_2 \times L) < n \leqslant N\} \qquad (3-40)$$

这是与水印嵌入无关的部分，它在水印的嵌入前后保持不变。

将用于水印嵌入的音频数据部分 A_{es} 分成 $M_1 \times M_2$ 个数据段，设 $A_{es}(k)$ 是第 k 个音频数据段，它可表示为

$$A_{es}(k) = \{a_s(kL+i), 1 \leqslant k \leqslant (M_1 \times M_2), 1 \leqslant i \leqslant L\} \qquad (3-41)$$

然后对每一个音频数据段 $A_e(k)$ 分别作一层离散小波变换。

$$D_{es} = \{CD_{es}(k) = \mathrm{DWT}(A_{es}(k)), 1 \leqslant k \leqslant (M_1 \times M_2)\} \qquad (3-42)$$

式中，

$$CD_{es}(k) = \{Cd_{es}(k)(t), L/2 \leqslant t \leqslant L\} \qquad (3-43)$$

式中，$Cd_{es}(k)(t)$ ——第 k 个音频数据段 $A_{es}(k)$ 的离散小波变换中的第 t 个高频系数。

分别将每个音频数据段的高频小波系数分为两段，并分别计算每段的能量。

$$E_{1s}(k) = \sum_{t=0}^{\frac{L}{4}-1} (Cd_{es}(k)(t))^2 \qquad (3-44)$$

$$E_{2s}(k) = \sum_{t=L/4}^{L/2} (Cd_{es}(k)(t))^2 \qquad (3-45)$$

根据下式提取出信息：

$$w_s(i) = \begin{cases} 1, & E_{1s}(k) > E_{2s}(k) \\ 0, & E_{1s}(k) \leqslant E_{2s}(k) \end{cases} \qquad (3-46)$$

此时，所提取到的序列 W_s 中可能包含若干个可能的同步序列，利用前面的同步码的检测在 W_s 中寻找同步信号，同步信号确定后，再按照构造水印序列的逆过程，依次提取，重构成二值水印图像。

3.2.4　仿真实验与性能分析

1. 基本仿真实验

测试音频载体为单声道 WAVE 语音文件，采样频率为 44.1 kHz，量化精度为 16 位，样本的时长为 10 s。同步信号选取一个周期为 63 的 m 序列，判断的阈值为 53，隐藏信息为 34 像素×102 像素的二值图像，每段音频的采样点数目 $L=40$，嵌入秘密信息的份数 N_1 为 3。采用 db1 小波基，对音频载体进行一级小波分解；隐藏的区域为载体音频的小波高频系

数。混沌序列的初值为 0.250 1，参数 $\mu = 3.96$。

在无攻击且混沌序列的初始值与参数选择正确的情况下，原始公开音频、嵌入隐藏信息后的混合音频的波形如图 3-7 所示。两个波形图一致，没有出现明显的突变，载体音频信号的信噪比为 22.01 dB。从隐藏后的主观听觉效果来看，秘密数据的不可感知性较好，算法具有良好的隐秘性。如果混沌序列的初始值只要有微小的变化，都不能从中恢复出秘密信息，就完全符合密码学中的 Kerckhoffs 准则，是十分安全的。从图 3-8 所示的对比可知，从未经任何处理的含隐藏信息的音频信号里所提取出来的图像，能够达到完全正确提取，效果良好。

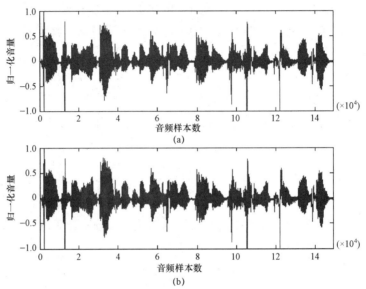

图 3-7 嵌入隐藏信息前后音频载体的波形比较

（a）没有隐藏秘密的音频文件波形；（b）隐藏有秘密信息后的音频文件波形

图 3-8 原始水印与提取出来的水印对比

（a）原始图片；（b）提取出来的图片

2. 鲁棒性实验

为了测试该算法的稳健性，对音频载体信号进行以下几种攻击性实验：

（1）低通滤波：采用阶数为 6 阶，截止频率为 11 025 Hz 的巴特沃思滤波器。

（2）噪声干扰：加入信噪比为 15 dB 的白噪声。

（3）重采样：先将音频采样频率从 44.1 kHz 变为 22.05 kHz，再重采样至 44.1 kHz。

（4）重量化：将音频载体的量化精度从 16 位量化为 8 位，再量化为 16 位。

（5）回声干扰：引入 30 ms 的回声干扰。

各种攻击下的实验结果如表 3-4 所示。

表 3-4　各种攻击下的实验结果

攻击	秘密 SNR	提取水印	水印 BER/%
低通滤波	13.025 4	B409	0.17
噪声干扰	21.998 2	B409	0.78
重采样	22.010 3	B409	0.057 7
重量化	21.490 3	U9B4	50.6
回声干扰	12.464 8	B409	3.09

实验结果与听觉测试表明：

（1）本节算法对于重采样攻击的鲁棒性较好。恢复的编码序列的 BER 和没有进行攻击时相同，恢复图像水印与原始水印几乎相同；同时，隐藏音频听觉质量良好，不容易引起攻击者怀疑。

（2）低通滤波、加噪、回声干扰对于图像水印的恢复有一定影响。回声延时如果取的时间过长，算法将不能抵抗其攻击；当回声延时较短时，隐藏音频的信噪比降低，但变化不明显，不容易引起攻击者的怀疑，恢复出来的图像水印能正确判断其意思。

（3）重量化对于图像水印的恢复有很大的影响。如表 3-4 所示，其恢复图像水印的 BER 很高，无法正确判断其意思。

为了测试对抗裁剪攻击的效果，将含有水印信息的音频文件头尾各裁剪一段，如图 3-9 所示。

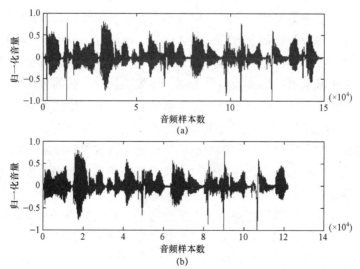

图 3-9　原始混合音频与裁剪后的混合音频波形比较

（a）原始混合音频；（b）裁减后的混合音频

通过对裁剪后的音频进行提取秘密水印信息，得到的二值图像信息如图 3－10 所示。

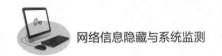

(a)　　　　　　　　　(b)

图 3－10　原始水印与裁剪后提取出的水印对比

（a）原始图片；（b）提取出来的图片

通过比较原始水印与裁剪后提取出的水印信息可以看出，本节算法对于抗裁剪有一定的抵抗能力。

3.3　基于 LSB 和量化思想的混合域鲁棒音频水印算法

倒谱分析是语音信号处理中比较普遍的一种方法。与时域变换相比，倒谱系数的变化十分小。在变换域的信息隐藏的嵌入过程中，倒谱变换也得到了广泛应用。

文献［18］根据倒谱系数的分布和人类听觉系统 HAS 的频率掩蔽效应的特性，将秘密水印扩展嵌入音频信号的几个倒谱分量。该算法的抗攻击性能较好，但算法的时间复杂度很大。文献［19］运用了统计均值处理（Statistical－Mean Manipulation，SMM）来完成秘密信息的嵌入。但是，在实验过程中的嵌入强度的控制因子 $\alpha(n)$ 不易确定，给算法的实际应用带来一定的困难。仿真实验结果证明，该算法对抖动回波、时间刻度弯折以及同步攻击等攻击具有很强的鲁棒性。文献［20］也运用统计均值处理法，并且将音频信号时域中的突变点作为水印帧嵌入位置的起始点，然后将时域音频信号变换到倒谱域，在倒谱域中运用统计均值处理法来完成秘密水印信息的嵌入。其仿真结果表明，对同步攻击和剪切攻击等具有较强的鲁棒性以及良好的不可感知性，但调制幅度偏置因子 α 的取值不易确定。文献［21］提出了一种调整复倒谱系数均值大小的音频水印算法。该算法首先对音频信号进行分段，然后计算每段音频数据段的复倒谱均值，再将复倒谱系数均值与设定的阈值 T 进行比较，结合秘密水印序列为"0"或"1"，采取缩小增加或不改变复倒谱系数均值的方法，在复倒谱系数中嵌入水印。实验结果表明，该算法具有较强的鲁棒性，算法属于盲提取。文献［22］提出了一种基于量化思想的倒谱域算法，但其量化区间属于固定值，一旦音频载体变换，量化区间就要重新进行调整，因此不便于实际应用，且算法的鲁棒性有待进一步加强。文献［23］提出了一种基于小波域及复倒谱域的音频水印算法，算法中首先利用人类听觉系统的掩蔽效应来确定阈值 T，然后通过调整复倒谱系数与阈值之间的关系来完成秘密水印信息的嵌入。实验结果表明，该算法对于基本的信号处理攻击有很强的鲁棒性。文献［24］在充分研究倒谱变换特点的前提下，利用倒谱域两端系数比较大，其他的倒谱系数都在 0 附近波动的特点，提出了一种将秘密水印信息采用统计均值调制的方法嵌入倒谱系数较小的区间。实验结果表明，该算法具有良好的不可感知性和较强的鲁棒性。

本节将首先介绍倒谱变换与复倒谱变换及其性质，然后介绍新的混合域鲁棒音频水印算法框架，接着详细介绍嵌入水印的算法和提取水印的算法流程，最后介绍仿真实验结果，并对实验结果进行分析。

3.3.1　倒谱变换和复倒谱变换

1. 倒谱的概念

倒谱是由 Bogert 等人于 1963 年在一次实验中发现的。他们指出，如果某一信号中包括了回声，那么该信号的功率谱的对数中就会出现一个加性周期分量，并且对数功率谱的逆傅里叶变换在回声延迟出现一个峰值。这个过程就称为倒谱变换。

倒谱分析是一种同态处理，也称为同态滤波，它将卷积关系变为求和关系。倒谱由傅里叶变换（DFT）、复对数运算（$\lg(X)$）和傅里叶逆变换（IDFT）三部分组成，如图 3-11 所示。

图 3-11　倒谱变换的过程

2. 复倒谱变换及性质

复倒谱分析也是一种同态映射，在语音识别中是一种最为有效的特征提取方法。倒谱变换分为复倒谱变换和实倒谱变换。由于复倒谱变换保留了信号的全部信息，所以经过复倒谱变换的信号仍能进行重构，但是复倒谱变换的计算十分复杂；而实倒谱变换仅仅保留了信号的频谱幅度信息，丢弃了相位信息，无法重建信号。复倒谱分析由傅里叶变换（DFT）、傅里叶系数的模取对数($\lg|X|$)和反傅里叶变换（IDFT）三部分组成，如图 3-12 所示。

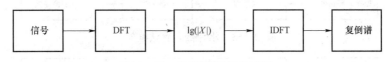

图 3-12　复倒谱变换的过程

一般来说，一维复倒谱具有以下性质：

（1）信号 $h(n)$ 的复倒谱 $C_h(m)$ 是一个无限长的序列。

（2）复倒谱 $C_h(m)$ 是一个有界的衰减序列。

（3）实序列的复倒谱仍为实序列。

（4）若 $y(n)=h(n)\times x(n)$，则 $C_y(m)=C_h(m)+C_x(m)$。

复倒谱变换的优点如下：

（1）音频信号经过复倒谱变换后，两端的复倒谱系数比较大，而中间的复倒谱系数比较小。

（2）一维倒谱变换两端的复倒谱系数反映了一维信号的近似信息，而中间较小的系数则反映信号的细节变化信息。

（3）大多数普通信号处理操作对个别倒谱系数的变化较大，但倒谱系数的统计均值的变化很小，因此目前很多倒谱域水印算法都通过调整倒谱域的统计均值来实现秘密水印的

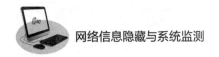
嵌入。

3. MATLAB 中复倒谱的实现

MATLAB 信号处理工具箱提供了傅里叶变换（Fourier Transform）、余弦变换（Cosine Transform）、小波变换（Wavelet Transform）、倒谱变换（Cepstrum Transform）等常见的信号处理变换的函数，这给信息隐藏算法的研究带来很多方便。但是，MATLAB 信号处理工具箱中提供的复倒谱变换有一定的限制：当信号序列的均值大于或等于 0 时，其逆变换可逆；当信号序列的均值为负时，其逆变换不可逆。因此，当信号序列 A_i 的均值小于 0 时，需要将信号序列全部取反为 A_j（即 $-A_i$），这样信号序列 A_j 的均值就大于 0，信号序列 A_j 经复倒谱变换后，其逆变换可逆，再把逆变换后的信号序列取反，就能得到正确的信号序列 A_i。

3.3.2　基于 LSB 和量化思想混合域鲁棒音频水印算法框架

由于大多数信号处理操作对于复倒谱系数的统计均值干扰很小，故本节提出一种基于奇偶量化和最不重要位替换思想的倒谱域音频水印算法[25,26]，该算法不依赖任何阈值，便于算法的实际应用。该算法中采用纠错编码技术和混沌调制技术来提高算法的鲁棒性，算法的嵌入和提取框架如图 3－13 和图 3－14 所示。

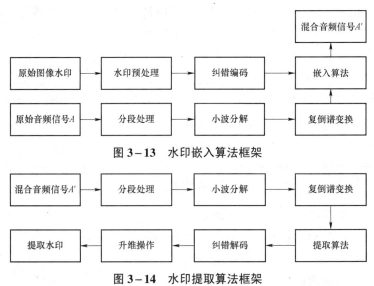

图 3－13　水印嵌入算法框架

图 3－14　水印提取算法框架

1. 水印的预处理

本节算法所嵌入的秘密水印信号是一幅有意义的二值灰度图像。设二值图像水印为 $w(i,j), 0 \leq i < M, 0 \leq j < N_1$，$M$、$N_1$ 为该二值图像的像素大小。为了更好地抵抗各种不同的攻击，使嵌入有秘密信息的混合音频具有很强的鲁棒性，则在水印嵌入时就需要对水印进行预处理，使其具有随机性。预处理包括降维处理、置乱操作和纠错编码等 3 个操作。

1）降维处理

由于待嵌入的秘密水印图像信息是二维信号，为了将二维的二值图像嵌入一维的音频载体，就需要对水印进行降维处理，得到待嵌入的水印序列为 $W = \{w(j) \in (0,1), j = 0,1,2,\cdots,N-1\}$，$N$

为水印序列的总长度，$N = M \times N_1$。

2）置乱处理

为了进一步增强水印的安全性，需要对水印序列进行置乱变换。这里的置乱操作采用的是将 Logistic 映射所产生的二值混沌序列 $p(j)$ 与待嵌入的水印序列进行调制而得到置乱后的水印信号。

3）纠错编码

为了进一步提高算法的抗攻击能力，需要对序列 $w(j)$ 置乱后进行纠错编码，形成真正待嵌入的水印序列 $S(j)$。这里采用的纠错编码是 BCH(15, 7)编码。

2. 小波基的选取

由于并不是每种小波都适合音频数据的小波分解和秘密信息的嵌入，因此在对音频载体进行小波变换处理时，选择一个合适的小波基函数是十分重要的。小波变换后的小波系数反映了小波基与被处理信号之间的相关性，系数越大则说明两者之间的相关性越大，反之则相关性越小。

正交小波基具有实现简单、输出相互正交等特点。对正交小波而言，需要考虑的变化因素有两个，一个是支集长度，另一个是消失矩阶数。支集越长，则尺度函数越光滑，频率分辨率越高，看到的细节系数越明显，但是时间分辨率则降低，计算量增大；高阶消失矩能使变换快速衰减，小波的消失矩越高，则支集越长。db 小波为具有最高消失矩的紧支正交小波。由不确定性原理可知，时间局域特性与频率局域特性相互矛盾，支集越大，时间局部性就越差，频率局部性就越好，抗噪能力也有所提高，但实时性就差些。本节选取db1 小波对音频信号进行分解。

3. 水印嵌入算法

嵌入算法的基本思路：首先，对嵌入的秘密图像水印信息进行预处理操作；然后，将音频数据进行分段，并对每段音频信号进行小波分解；其次，对每段小波分解的小波系数进行复倒谱变换，去除复倒谱变换两端系数较大的复倒谱系数，计算其他倒谱域系数的均值；再次，计算每段均值的最不重要位；最后，通过判断它的奇偶性以及对均值进行量化处理来完成水印的嵌入。

水印嵌入算法过程的详细描述如下：

（1）对原始图像水印信息按照上述水印预处理步骤进行处理。设原始音频信号为 $A = \{a(n), 0 \leq n \leq N-1\}$，其中 $a(n) \in \{0, 1, 2, \cdots, 2^p - 1\}$，$p$ 为音频的采样精度。把原始音频信号分为若干帧，并对每帧音频数据进行四级 db1 小波基的小波分解变换。选择第四级小波系数作为秘密信息的嵌入区间。

（2）对每帧的第四级低频系数按照式（3–47）进行一维的复倒谱变换。为了使倒谱逆变换可逆，就需要计算该帧第四级低频小波系数的均值。如果该帧的小波系数均值小于 0，则将该帧的低频小波系数进行取反操作，然后对所有指定段进行复倒谱变换。

$$C(i) = \mathrm{CCEPS}(A_4(i)) \tag{3–47}$$

式中，$C(i)$ ——第 i 个倒谱系数；

$A_4(i)$ ——第 4 级低频系数，$i = 1, 2, \cdots, L_1$，L_1 表示帧长。

（3）由于每帧的倒谱系数两端的值较大，因此音频处理操作将对两端的倒谱域系数产生一定影响，并且会影响到倒谱系数的均值，造成不平稳的情况，所以本节算法采取去掉倒谱系数首尾各 t 个系数，对剩下的 $L_1 - 2t$ 个系数计算每帧倒谱系数 $C(i)$ 的均值 $Q(i)$ 的方法。

$$Q(i) = \text{Mean}(C(i)) = \frac{1}{L_1 - 2t} \sum_{i=t+1}^{L_1 - t} C(i) \tag{3-48}$$

式中，L_1——每帧倒谱系数的长度；

　　t——每帧倒谱系数前后两端所去除的倒谱系数的个数。

（4）计算每帧均值 $Q(i)$ 的最不重要位。由于本节算法采用小波变换的细节系数的倒谱变换的信息来统计平均值，所以它的值比较小。本书中对最不重要位的定义是：采用均值的从左往右第一个不为零的位为最重要位，而它的下一位则为最不重要位，记为 $P(i)$。

（5）按照如下公式对均值 $Q(i)$ 进行量化。

设 $R(i) = Q(i) \bmod 10^{-P(i)}$，$Z(i) = Q(i) - R(i) \times 10^{-P(i)}$，则

① 如果 $P(i) \bmod 2 = w(j)$，则

$$Q'(i) = Q(i) \tag{3-49}$$

② 如果 $P(i) \bmod 2 \neq w(j)$ 且 $Z(i) < 10^{-P(i)} / 2$，则

$$Q'(i) = (R(i) - 1) \times 10^{-P(i)} + 10^{-P(i)} / 2 \tag{3-50}$$

③ 如果 $P(i) \bmod 2 \neq w(j)$ 且 $Z(i) > 10^{-P(i)} / 2$，则

$$Q'(i) = (R(i) + 1) \times 10^{-P(i)} + 10^{-P(i)} / 2 \tag{3-51}$$

（6）为了使某一帧的倒谱系数的均值变化 $\Delta(i)$，那么该帧的每一个倒谱系数 $C'(i)$ 都需要按照如下公式进行修改。假设均值量化所产生的误差大小为 $\Delta(i)$，则有

$$\left. \begin{array}{l} \Delta(i) = Q'(i) - Q(i) \\ C'(i) = C(i) + \Delta(i) \end{array} \right\} \tag{3-52}$$

（7）首先，将每帧修改后的倒谱系数进行复倒谱逆变换，成为第四级小波低频系数；然后，将所生成的第四级小波低频系数与原始音频的小波系数进行小波逆变换，生成真正含有秘密水印的混合音频信号，以便于网络传输。

4. 水印提取算法

由于在水印的嵌入算法中是通过倒谱系数的平均值的奇偶性来完成秘密水印（0、1）的嵌入，因此在提取水印时只需要判断倒谱系数平均值的奇偶性，不需要原始音频信号以及其他任何信息的参与，所以该提取算法是一种盲提取算法。

水印提取算法过程的详细描述如下：

（1）对接收到的混合音频文件进行分帧处理和小波变换，其中帧的长度、小波基的选取和小波变换的级数都与嵌入算法中相同。

（2）选取小波分解的第四级低频小波系数，进行一维复倒谱变换，得到复倒谱系数。

（3）根据嵌入算法中去除两端比较大的复倒谱系数，计算出每帧剩余的 $(L_1 - 2t)$ 个复倒谱系数的均值 $Q_E(i)$。

（4）分别计算出每帧复倒谱系数均值的最不重要位 $P_E(i)$，并通过式（3-35）来判断 $P_E(i)$ 的奇偶性，以完成水印序列 $S'(j)$ 的提取。

$$S'(j) = P_E(i) \bmod 2 \qquad (3-53)$$

（5）按照水印预处理过程，将提取出来的水印信息 $S'(j)$ 进行纠错解码、去置乱操作以及升维处理，提取出图像水印信息。

3.3.3　仿真实验

为了验证本节所提出算法的性能，接下来对该算法的不可感知性和鲁棒性进行实验验证及分析。对算法的鲁棒性分析分别采用重采样、低通滤波、加高斯白噪声、重量化、MP3压缩和幅度攻击等攻击，并计算从被攻击的音频中提取的水印与原始图像水印的相关系数（NC）。相关系数越高，说明音频水印算法的鲁棒性越好。对音频水印算法的不可感知性采用最常用的信噪比（SNR）评价方法。其中，要求嵌入水印后的音频可以提供 20 dB 或更高的 SNR，这样嵌入水印后的音频才能保证不易被察觉到有附加信息。

1. 不可感知性测试

为了更好地说明该算法的不可感知性，实验分别采用量化精度为 16 位、采样频率为 44.1 kHz、音频时长约为 160 s 的古典音乐（流水）、流行音乐（鸭子）、男高音以及女音 4 种类型的音频文件。嵌入的水印为 16 像素×16 像素的二值图像。其中，帧长为 1 024，进行 4 级小波变换，选用 db1 小波基，间隔 5 帧嵌入 1 位的水印信息，每帧前后各去掉 10 个倒谱系数。通过图 3-15～图 3-18 可以看出，嵌入水印后的混合音频波形与原始音频波形只有细微差别，从听觉感知上，人耳不能分辨该差别，即嵌入水印后没有影响音频的质量，说明该算法的不可感知性良好。

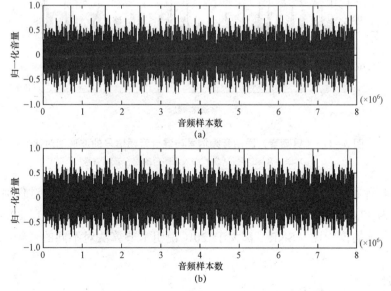

图 3-15　（古典音乐）原始音频信号与混合音频信号的波形图对比

（a）原始音频信号；（b）嵌入水印后的混合音频信号

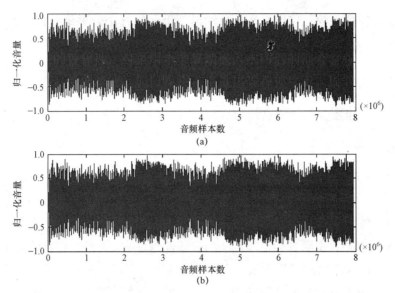

图 3－16 （流行音乐）原始音频信号与混合音频信号的波形图对比

（a）原始音频信号； （b）嵌入水印后的混合音频信号

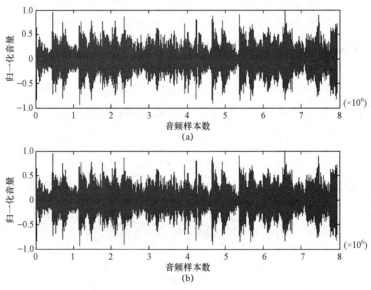

图 3－17 （男高音）原始音频信号与混合音频信号的波形图对比

（a）原始音频信号； （b）嵌入水印后的混合音频信号

经过对 4 种不同的混合音频进行分析以及 SNR 的计算得出未经过任何攻击信噪比（SNR）分别为 48.84（古典音乐）、48.12（流行音乐）、45.78（男高音）、32.45（女音）。这 4 种类型音乐的信噪比（SNR）都大于 20，说明本节算法对不同的音频的不可感知性良好。

2. 鲁棒性测试

为了检测该算法的鲁棒性，对采用本节算法嵌入水印后的混合音频信号（古典音乐）分别进行包括重采样、低通滤波、加白噪声、重量化等各种攻击。提取出的水印归一化相

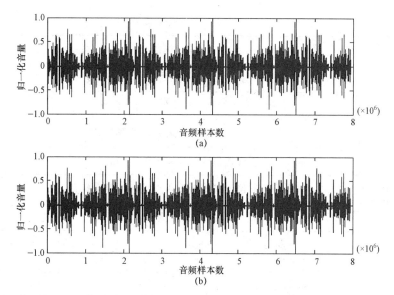

图 3-18 （女音）原始音频信号与混合音频信号的波形图对比
（a）原始音频信号； （b）嵌入水印后的混合音频信号

关系数为 1。

为了检测水印算法的鲁棒性，对含有水印的混合音频载体采用了以下几种攻击方式：

（1）重采样。重采样分为下采样和上采样。上采样是指将音频信号由原来的采样频率变为 48 kHz，再变回原来的采样频率；下采样是指将音频信号由原来的 44.1 kHz 采样频率变为 22.05 kHz，再将采样频率变回原来的 44.1 kHz。

（2）重量化。重量化分为上量化和下量化。上量化是指将音频的采样精度由原来的 16 位变成 32 位，再变换回原来的采样精度 16 位；下量化是指将音频的采样精度由原来的 16 位变成 8 位，再变换回原来的 16 位。

（3）低通滤波。采用截止频率为 11 025 Hz，阶数为 2 的巴特沃思滤波器进行滤波。

（4）幅度攻击。将混合音频载体的幅度值分别增大或减少 40%。

（5）噪声攻击。对混合音频载体添加高斯白噪声，使混合音频的信噪比降低至 20 dB。

（6）MP3 压缩攻击。利用 Cool Edit Pro 2.0 音频处理软件对混合音频进行 WAV→MP3→WAV 的音频格式转换。

原始水印与在各种不同攻击情况下提取的水印对比如表 3-5 所示。

表 3-5 原始水印与在各种不同攻击情况下提取的水印对比

水印	攻击情况
北	原始水印
北	未经过任何攻击
北	经过下采样处理的混合音频
北	经过上采样处理的混合音频

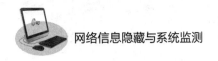

续表

水印	攻击情况
北	经过下量化处理的混合音频
北	经过上量化处理的混合音频
北	经过低通滤波处理的混合音频
北	经过幅度增加 40% 处理的混合音频
北	经过幅度减少 40% 处理的混合音频
北	经过加噪处理的混合音频
北	混合音频经过 Cool Edit Pro 2.0 软件进行 96 kbps 的 MP3 攻击
北	混合音频经过 Cool Edit Pro 2.0 软件进行 56 kbps 的 MP3 攻击
北	混合音频经过 Cool Edit Pro 2.0 软件进行 32 kbps 的 MP3 攻击

为了比较本节算法与文献［21～24］的算法,特对比提取水印的归一化系数,如表 3－6 所示。

表 3－6 各种攻击后提取水印的归一化系数对比

攻击方式	本节算法	文献［21］	文献［22］	文献［23］	文献［24］
无攻击	1	1	0.984	1	0.882 3
上重采样	1	0.906 9	0.984	0.784 3	0.882
下重采样	1	0.843 7	0.983 3	0.724 5	0.881 9
上重量化	1	1	没有涉及	没有涉及	没有涉及
下重量化	0.927 6	0.974 2	0.965 3	0.689 2	0.651 2
低通滤波	0.946 7	0.652 4	0.979 2	0.746 5	0.861 1
幅度攻击+40%	1	没有涉及	没有涉及	没有涉及	没有涉及
幅度攻击－40%	1	没有涉及	没有涉及	没有涉及	没有涉及
噪声攻击	0.954 8	没有涉及	0.960 2	0.826 7	0.790 2
MP3 压缩攻击 96 kbps	1	没有涉及	没有涉及	0.862 4	没有涉及
MP3 压缩攻击	1（56 kps）	没有涉及	0.891 2（56 kps）	0.754 3（64 kps）	没有涉及
MP3 压缩攻击 32 kbps	1	0.845 2	没有涉及	不能提取	没有涉及

从表 3－6 可以看出,在重采样攻击、幅度攻击、噪声攻击以及 MP3 压缩攻击后,本节提出的水印算法比文献［21～24］中算法的相关系数要高;对于低通滤波攻击与下量化

攻击，本节算法比这些文献中的算法的相关系数稍低，这主要是由于本节算法用的是倒谱系数均值的最不重要位来提取结果，而这两种攻击对于倒谱系数均值影响会稍大，从而影响了提取效果。

3.4　小结

为了抵抗低通滤波和时长调整等综合性攻击，本章提出了一种新的鲁棒性音频水印方法。首先，基于数据直方图中每 4 个连续 Bin 的样本数，建立了一种用于隐藏规则的稳定关系。基于统计均值和标准差的不变特性，设计了数据范围的通用选择方法。然后，通过详细分析不同音频分段的隐藏效果，提出了基于小段划分与隐藏的新思路。进一步，结合直方图中 4 个连续 Bin 的样本关系，设计了基于统计特征的水印嵌入算法和水印提取算法。理论分析表明，该小段划分与隐藏算法能够显著减少水印嵌入过程中数据样本的调整量。实验结果表明，与已有方法相比，该算法不但能够保持抵抗时长调整、音量缩放、重采样和重量化等攻击的优异性能，而且显著增强了抵抗低通滤波攻击的能力，使嵌入容量提高了 6 倍。

在小波域中，介绍了基于能量关系的音频信息隐藏算法，该算法把秘密信息隐藏到小波分解后的高频系数上，获得了较好的不可感知性。该算法的隐藏信息量较大，水印带宽约为 1 kbps。实验结果证明，该算法具有良好的不可感知性。隐藏秘密信息的音频信号的信噪比为 22 dB 左右，即感觉不到嵌入水印的音频与原始音频的差别，主观测试也表明人耳无法辨别伪装信号与原始载体信号的区别。该算法还能抵抗一定的同步攻击，在实验中采取的都是较强的攻击，使音频质量明显下降，但在有些攻击后，仍然能提取出秘密水印。

在充分分析复倒谱性质的基础上，本章将均值量化思想与最不重要位的替换思想相结合，提出了一种新的倒谱域和小波域结合的混合域鲁棒音频水印算法，采用该算法，在水印嵌入过程中不需要任何经验值，便于实际应用。与普通的统计均值处理算法相比，该算法解决了阈值选取的问题，具有更好的不可感知性和鲁棒性。

参考文献

[1] Wu G，Zhuang Y，Wu F，et al. Adaptive Audio Watermarking Based on SNR in Localized Regions [J]. Journal of Zhejiang University：Science. 2005，6A（Suppl.I）：53 − 57.

[2] Tachibana R，Shimizu S，Nakamura T，et al. An Audio Watermarking Method Robust Against Time and Frequency Fluctuation [C] //Security and Watermarking of Multimedia Contents III，San Jose，USA，2001：104 − 115.

[3] Zhang X，Yin X. Audio Watermarking Algorithm Based on Centroid and Statistical Features [C] // Proceedings of the 9th International Conference on Information and Communications Security，Zhengzhou，China，2007：153 − 163.

[4] 马翼平，韩纪庆. DCT 域音频水印：嵌入对策和算法 [J]. 电子学报，2006，34（7）：

1260 – 1264.

［5］ 王让定，蒋刚毅，陈金儿，等. 基于陷阱策略的音频数字水印新方法［J］. 计算机研究与发展，2006，43（4）：613 – 620.

［6］ Mansour M F，Tewfik A H. Audio Watermarking by Time – scale Modification ［C］//IEEE Conference on Acoustics，Speech and Signal Processing，Salt Lake，USA，2001：1353 – 1356.

［7］ Liu S，Lin S D. BCH Code – based Robust Audio Watermarking in the Cepstrum Domain ［J］. Journal of Information Science and Engineering，2006，22（3）：535 – 543.

［8］ Cvejic N，Seppanen T. Spread Spectrum Audio Watermarking Using Frequency Hopping and Attack Characterization ［J］. Signal Processing，2004，84（1）：207 – 213.

［9］ Xiang S，Huang J，Yang R. Time – scale Invariant Audio Watermarking Based on the Statistical Features in Time Domain ［C］// Proceedings of the 8th Information Hiding Workshop，Alexandria，USA，2006：93 – 108.

［10］ Xiang S，Kim H J. Invariant Audio Watermarking in DWT Domain ［C］// International Conference on Ubiquitous Information Technologies & Applications，Dubai，UAE，2007：13 – 22.

［11］ Zhang X，Yin X，Yu Z. Robust Audio Watermarking Algorithm Based on Histogram Specification ［C］// Proceedings of the 4th International Conference on Intelligent Information Hiding and Multimedia Signal Processing，Harbin，China，2008：163 – 166.

［12］ Zhang Xiaoming. Segmenting Histogram-based Robust AudioWatermarking Approach，Journal of Software ［J］. 2008，3（9）：3 – 11.

［13］ 张晓明. 基于音频统计特性的鲁棒水印算法［J］东南大学学报（自然科学版），2009，39（3）：447 – 452.

［14］ 殷雄，张晓明. 基于 LSB 的隐蔽通信音频水印算法［J］. 通信学报，2007，28（11A）：49 – 53.

［15］ 张晓明，殷雄. 基于混沌序列的小波域语音信息隐藏方法［J］. 系统仿真学报，2007，19（9）：2113 – 2117.

［16］ 殷雄，张晓明. 基于 DWT 域的同步音频信息隐藏算法［J］. 武汉大学学报（理学版），2005，52（S1）：77 – 81.

［17］ 殷雄. 音频信息隐藏技术在隐秘通信中的研究 ［D］. 北京：北京化工大学，2008.

［18］ Kwang L S，Sung H Y. Digital Audio Watermarking in the Cepstrum Domain ［J］. IEEE Transactions on Consumer Electronics，2000，46（3）：744 – 750.

［19］ Xin L，Heather Y H. Transparent and Robust Audio Data Hiding in Cepstrum Domain ［C］// In Proceedings of IEEE International Conference on Multimedia and Expo，New York，2000：397 – 400.

［20］ Hsieh C T，Sou P Y. Blind Cepstrum Domain Audio Watermarking Based on Time Energy Features ［C］// The 14th International Conference on Digital Signal Processing Proceedings，

Greece：Santorini，2002：705－708.

［21］李跃强，孙星明，周天亮. 基于复倒谱变换的数字音频水印研究［J］. 计算机工程，2006，32（23）：145－147.

［22］刘娇，费耀平，李敏. 基于量化的倒谱变化数字音频水印算法［J］. 计算机工程与应用，2007，43（33）：84－86.

［23］Hong T X，Ya－mei N I，Yue L H，et al. A Digital Audio Watermark Embedding Algorithm ［J］. International Journal of Information Technology，2005，11（12）：24－31.

［24］吕秀丽，年桂君. 基于倒谱域的鲁棒音频数字水印算法［J］. 大庆石油学院学报，2005，4（29）：130－132.

［25］李文治，张晓明，殷雄. 基于 LSB 和量化思想的倒谱域音频水印算法［J］. 计算机应用，2010，3：705－707.

［26］李文治. 鲁棒性数字音频水印算法研究［D］. 北京：北京化工大学，2010.

第 4 章 基于公共信息 传播的音频水印技术

许多公共场景都有音频播放需求，这类媒体具有分布广、远程传输和影响范围大的特点。如何利用这类媒体进行信息隐藏和移动提取，具有重要的研究价值。

4.1 公共传播音频分析

4.1.1 音频水印 A/D 和 D/A 转换技术分析

在音频水印方法中，A/D 和 D/A 转换的攻击性非常强，对算法设计提出了严格的挑战。

总体来看，具有这种转换的类型可以划分为三种。第一种是基于电缆传输方式，以电话线传播和直通电缆连接为典型，所受干扰小。电话线方式是公用信道，能够传播很远，传输秘密水印的载体可以是话音或音乐等类型；而直通电缆方式一般在一个局部环境中。第二种是基于广播方式，通过广播媒体或专用频道进行传播。第三种是基于空气直接传播方式，由于会遭遇各种干扰，因此通常只能近距离设计。

由于音频水印的远程传输和提取具有广泛的应用价值，这些音频传播水印技术在国外已经受到极大重视并有所成果。在空气传播方面，法国的 Gomes[1]通过计算机网络和耳麦设备，研究了数字水印技术在点对点语音通信中的应用方法，通过采用普通的 PC 声卡、音箱和麦克风，测试了距离 1.5 m 的空气传输带有水印的语音信息，在常规环境下没有检测错误。但是，该文没有给出具体隐藏方法。德国的 Steinebach[2]详细研究了抗 A/D 和 D/A 转换中水印的鲁棒性，通过音箱播放嵌有水印的音频，再录制音箱播放出的声音以提取水印。文中考虑了录音点离音箱的距离，设定了 5～400 cm 的多个不同间距，同时使用了 4 种不同的麦克风，研究了 5 种音频类型的水印技术，在 5～180 cm 普遍获得了良好的提取效果。这是开展空气传播水印信息最早最全面的报道（2002 年）。此后，日本的 Tachibana[3]建立了 4 种实时水印嵌入方法，可以将水印实时地隐藏到公共环境，如音乐演奏会的音乐。设计的 Sonic 水印技术能够成功地在一个 30 s 音乐片段内隐藏 64 位的消息，测试的空气传播距离为 3 m，能够正确提取隐藏的消息。

在电话网络传播方面，Martin[4]研究了将水印信息嵌入电话语音，以构建 IP 电话网络的入侵检测系统，水印的嵌入和提取速度超过了实时要求。加拿大的 Chen[5]开展了模拟电话通道的隐藏，在误码率小于 0.001 时，其数据带宽达到了 265 bps。此后，日本的 Toshio Modegi [6]设计了一套非接触水印提取方案，通过手机来广播或转存水印音频，然后通过计算机将秘密信息从转存的音频文件提取出来。隐藏带宽达到 61.5 bps，提取率高于 90%。

可以看出，国外对音频水印在公共信息传播中的研究已经取得显著的成果，而国内在这方面的研究还停留在初级阶段。北京邮电大学完成了"替音电话"和电话传播的仿真设计，属于国内领先，但在抵抗 A/D 转换方面仍然欠缺。在直通电缆传播方面，项世军等人[7]采用了三段能量比值方法，嵌入的只是一串比特信息，提取效果比较好；王让定等人[8]采用的是量化方法，嵌入的是图片，提取效果一般，只可辨认。

4.1.2　其他强鲁棒性音频水印算法分析

作为信息隐藏技术的一个重要分支，进行作为版权保护应用的音频水印技术的研究学者越来越多。如何使音频水印算法具有很强的鲁棒性，将是音频信息隐藏技术的一个研究热点和难点，它是指在良好的不可感知性和一定的嵌入容量的前提下，能有效地抵抗重采样、重量化、加噪、低通滤波、MP3 压缩、幅度变换、时间伸缩、去同步等攻击，仍然能从混合音频载体中正确地提取出秘密的水印信息。

文献 [9] 提出了一种基于离散小波变换的同步音频水印算法。该算法首先采用混沌序列对秘密信息进行置乱操作处理，以提高算法的鲁棒性，然后对音频载体进行分段并计算各段音频数据的能量，最后通过调整两段音频载体数据的能量关系来完成秘密水印信息的嵌入。实验结果表明，该算法具有良好的不可感知性，并对普通音频处理操作和剪裁有较好的鲁棒性，但对于 MP3 攻击和幅度伸缩变化攻击没有涉及。由守杰等人[10]提出了一种基于音频采样点倒置的新颖的信息隐藏算法。该算法利用混合音频经过各种不同攻击后的音频与原始音频相似度很高的特点，将秘密信息采用倒置的方法嵌入音频载体。为了提高算法的鲁棒性，该算法应用了同步机制。实验结果表明，该算法对于回声、低通滤波、MP3 压缩等攻击具有较强的鲁棒性，但是对于抗音频幅度伸缩攻击的效果不是很好，并且取决于在提取的过程中会用到原始音频载体，这在一定程度上限制了算法的实际应用。雷赟等人[11]提出了一种使用短波窄带信号作为载体的自同步音频水印算法。为提高算法的鲁棒性，该算法采用同步信号来确定秘密信息的隐藏位置，同时还应用了 RS 纠错编码、冗余嵌入、双向调制、数据重组等技术。但该算法仅适用于窄带信号，而现有的音频信号一般是采样频率为 32 kHz 或 44.1 kHz 的宽带信号，因此该算法不便于实际应用。文献 [12] 提出了一种具有强鲁棒性的自适应混合域数字音频水印算法。该算法充分利用了离散余弦变换的能量压缩特性和 DWT 的多分辨率特性，利用人类听觉系统来确定量化步长，采用量化的方法将秘密水印信息嵌入音频载体。实验结果表明，该算法对于普通音频信号处理以及 MP3 压缩攻击具有很强的抵抗能力，但是对于音频常见的幅度伸缩攻击却没有提到。文献 [13] 提出了一种提高水印嵌入容量的音频水印算法。该算法通过修改低频幅度系数来嵌入秘密水印信息，但是算法是在时间域中嵌入水印，导致该算法的抗攻击能力不是很好。文献 [14] 提出了一种基于直接扩频序列的鲁棒音频水印算法，为了提高算法的鲁棒性，算法中引入了人类听觉系统以及直接扩频技术。该算法首先计算各分段音频区间的能量，然后通过能量与阈值的关系来确定静音位置，最后在随机的音频频域系数中嵌入扩频后的秘密水印序列。实验结果表明，该算法对于加噪攻击和常规的音频处理攻击有比较好的鲁棒性，而对于抗音频幅度伸缩攻击没有涉及，且该算法在确定静音点时利用了 3 个阈值，不便于算法的实际应用。文献［15］提出了一种基于跳频技术的新扩频水印算法，秘密水印的嵌入与提取过程采用跳频技术来完成。实验结果表明，使用跳频技术算法获得了更强的鲁棒性。文献［7,16］分别提出了在时间域和 FFT 域中基于直方图关系的鲁棒的信息隐藏算法，由于该算法在提取秘密信息的过程中仅仅需要比较音频直方图中三段区间的样本数据关系，因此算法具有很强的抗时间伸缩攻击和去同步攻击的能力，但是对于抗幅度伸缩变化攻击和加噪攻击的效果不是很好。文献［17］针对音频载体经受 A/D 和 D/A 攻击后波形失真以及时间线性伸缩的特点，提出了一个基于 DWT 的抗 A/D 和 D/A 变换的鲁棒的音频水印算法，该算法采用了基于三段能量关系的嵌入对策来完成秘密水印的嵌入。实验结果表明，该算法具有很强的抗 A/D 和 D/A 攻击性能，但是对于幅度伸缩变化攻击却没有提及。

4.1.3 扩频技术原理与特点

扩展频谱通信（Spread Spectrum Communication）简称扩频通信，是指利用一个相对独立的码序列来对传输的秘密内容进行频带扩展而进行信息传输的一种技术。频带扩展采用调制与编码的方式来实现；在秘密信息的接收端，需要用相同的码序列来对接收到的秘密信息进行解扩，从而恢复真正想传输的秘密信息。传输过程中所用信号的带宽远远超过秘密信息带宽本身。扩频通信包括直接序列扩频、跳频、跳时以及宽带线性调频等 4 种方式。

扩频技术的基本理论依据是信息论中的香农（Shannon）公式，它可以表示为

$$C = B \log_2(1 + S / N) \tag{4-1}$$

式中， C ——信道容量，单位为 bps；

B ——信道带宽；

S ——信号功率；

N ——噪声功率。

式（4-1）表明，信道容量的大小取决于信道自身的带宽和信噪比。

考虑到通信环境中信号与噪声的比例远远大于 1 的特点，式（4-1）可以简化为

$$B = C \frac{N}{S} \tag{4-2}$$

由式（4-2）可以看出，在信号与噪声的比例保持不变的情况下，只要增加传输信道的传输带宽，理论上就可以使信道的信道容量增加。在传输信道的信道容量保持不变的情况下，可以采用增强噪声与信号的比例来提高信道的传输带宽。如果信道容量 C 不变，则带宽 B 和信噪比 N / S 是成正比的，也就是说，如果增加传输带宽，则可以使用较小的信噪比来以相同的信息率来传输信息；如果减少传输带宽，则必须使用较大的信噪比来传输信息。扩频通信的基本思想和依据就是：在低信噪比的前提下，以较大的信号带宽来换取信息传输的可靠性。

在扩频通信的过程中，需要在信息的发送方采用扩频码对传输信息进行扩频调制，然后在接收方采用解扩等技术来恢复传输的秘密信息。由于扩频码具有随机性的特点，扩频后的信号具有宽带性，因此扩频系统具有以下特点：

（1）系统的抗干扰性能良好。系统采用的扩频信号都是与传输信号无关的伪随机序列，而在接收方是需要进行解扩的，在干扰者不知道伪随机序列的情况下，不同的两个扩频码的相关性比较小，干扰也就不会起作用。

（2）保密性强。由于被传输的秘密信息被扩频码进行扩频后均匀地分布在很宽的传输信号中，因而很难被检测到信号的存在，从而能用于保护用户隐私。只有发送方和接收方才能提取出秘密信息，其他人几乎不可能获取到信息。

（3）易于实现码分多址。扩频系统具有良好的码分多址通信能力，分配给不同用户、不同的扩频编码。用户可以通过使用扩频系统分配的扩频码来实现互不干扰地使用同一个频率进行通信。

（4）能有效抵抗多径干扰。多径干扰指的是波在传播过程中遇到各种反射体后，接收方所接收的信号存在一定的失真，引起多种噪声叠加的过程。在窄带通信中，采用在接收方中利用两个扩频码的相关性，从多径信号中将最强的有用信号进行分离和梳状滤波器的两种方法来提高系统的抗多径干扰的能力。

（5）能有效地适合数据传输和数字话音，以及多种通信业务。扩频通信一般运用码分多址技术、数字通信技术，能适合各种数据的传输。

由于扩频技术具有以上诸多优良特性，因此扩频通信技术与信息隐藏技术的结合对于信息隐藏技术的发展能起到推动作用，能较好地适应未来信息化安全的需要。

4.2　基于倒谱音频水印的公共信息传播算法设计

4.2.1　音频传输与转换分析

音频信号经过具有 A/D 和 D/A 转换的传输过程时，必然涉及以下问题：

（1）音频信号要经历传输过程中的外加干扰，包括 50 Hz 的工频电信号。因此，需要选择大于 50 Hz 的音频频率信号。

（2）因声卡特性不同，音频转换过程不一定具有线性模型。

（3）传输过程中录制的音量往往与播放时的音量不一致，这要求水印算法能够抵抗音量的大范围变化。

（4）传输过程中录制开始时刻可能早于（或晚于）播放时刻，而且结束时刻也不一定一致。所以，水印隐藏的起始位置需要设置标志。

（5）转换过程具有一定的滤波特点，会将较高频率的信号过滤。

1）音频频率范围选择

对照音频频率响应特性图可以发现，在低频部分的阈值比 2～4 kHz 的阈值高得多，不容易察觉。尤其是 1 kHz 以下部分，其不可感知性要好得多。

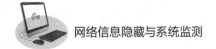

文献［6］的实验也表明，音频数据通过 A/D 和 D/A 转换后，其低频范围在 700 Hz 以下的损失非常小。可见，选择在频率为（50,700）范围内的音频数据用于信息隐藏是非常有利的。

2）倒谱系数的选取方法

倒谱变换在音频水印中已经具有较强的健壮性，能够抵抗噪声、重采样、低通滤波、重量化和音频格式转换等常见攻击[9]。倒谱变换后的数据特征表现在：倒谱系数在中间部分的差异很小，而在两端的变化很大。在进行统计处理时，如果让全部数据参与，则计算结果在隐藏前后会有明显的变化；如果不考虑两侧若干大数据，仅以中间大部分数据参与运算，则计算结果容易保持在一个稳定范围内。由此，本章提出了"去两侧数据"的统计方法。

进一步，如果将计算的均值移除，即相当于此时的均值为 0。然后，在 0 的上下两边产生一个偏差，如 2 T（T 为阈值），以分别隐藏比特信息"1"和"0"。那么，在提取时，只需要判断所求均值是否大于 0，就可以求得水印比特。这种方法，称之为"去均值＋上下分离"技术。

图 4-1 所示为对音频进行 7 级小波分解后，选取低频系数 7 级、6 级、5 级共三级的数据部分进行倒谱变换的情形。可以看出，倒谱系数两侧的数值幅度很大，而绝大部分数据是基本一致的。

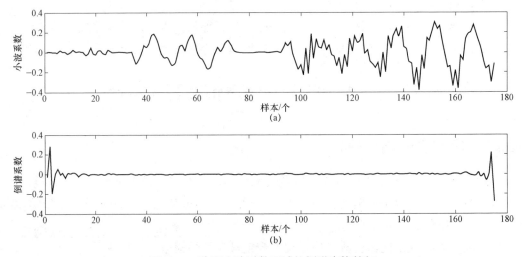

图 4-1　选取小波系数区域的倒谱变换特征
（a）选取的小波系数；（b）全部倒谱系数

4.2.2　算法分析与设计

1. 隐藏算法流程设计

将原始音频分段时，段数至少是水印比特数。然后，对每段数据进行小波分解，取其低频系数进行倒谱变换，采用前述的去两侧数据方法和"去均值＋上下分离"技术，以实现水印比特嵌入。之后，先后重组倒谱系数和小波系数，获得含有水印信息的音频段，从而构造为新的音频。该算法流程如图 4-2 所示[18]。

为了增强可靠性，对水印信息先做纠错处理，采用 BCH 编码方法。

算法的主要工作是寻找合理的参数优化配置，使隐藏效果达到最优。参数主要有：小波分解级数、分段的数据帧长度、数据帧的间距、上下分离的阈值 T。将数据帧的间距设置为数据帧长度的倍数，最大为 1，最小为 0。期间选择多个系数，结果发现，都可以成功实现隐藏。

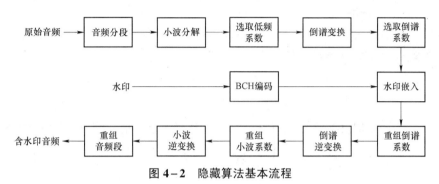

图 4-2　隐藏算法基本流程

2. 水印嵌入算法设计

1）水印信息处理

将水印信息构造为比特序列，具有长度为 N，即

$$W = \{w_i \mid i = 1, 2, \cdots, N\} \tag{4-3}$$

经过 BCH 编码后成为 W_B，其长度增大为 M，即

$$W_B = \{w_{bi} \mid i = 1, 2, \cdots, M\} \tag{4-4}$$

2）音频分段与小波分解

音频载体分段数至少应该大于 M，才能满足隐藏要求。

假设每段长为 L_A，该段经过小波变换的 k 级分解后，各级小波系数长度分别为

$$P_{Li} = P_{Hi} = \{L_A / 2^i, i = 1, 2, \cdots, k\} \tag{4-5}$$

式中，P_{Li}、P_{Hi}——第 i 级小波分解时的近似系数和细节系数。

取低频系数部分，使之频率范围位于（50,1 000）内，则需要构造一个组合的低频小波系数集合。以 8 kHz 音频为例，实施 7 级小波分解后，所选择的低频系数部分为

$$P_S = \{P_{H7}, P_{H6}, P_{H5}\} \tag{4-6}$$

式中，P_{H7}、P_{H6}、P_{H5}——第 7 级、第 6 级、第 5 级小波分解后的细节系数。

P_S 的长度 L_p 非常重要。如果太小，对隐藏不利；反之，就需要更长的音频载体。所以，音频分段与小波分解具有密切的关系。

3）倒谱变换

复倒谱变换对于信号序列的均值大于或等于 0 时，其逆变换可逆；否则，不可逆。为此，需要计算指定段信号的均值，若均值小于 0，则取反。然后，对所有指定段进行复倒谱变换。

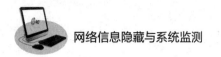

于是，先计算 P_S 的均值 E_P：

$$E_P = \frac{1}{L_P} \sum_{i=1}^{L_P} P_S(i) \qquad (4-7)$$

然后，按照下列公式对选取的小波段进行复倒谱变换：

$$C_i = \begin{cases} \mathrm{CCEPS}(P_S(i)), E_P \geqslant 0 \\ \mathrm{CCEPS}(-P_S(i)), E_P < 0 \end{cases} \qquad (4-8)$$

4）倒谱系数的选取

去掉首尾波动很大的部分，选择中间平稳的部分嵌入水印。假设两端各去掉 L_0 个数据，则实际用于隐藏水印的倒谱系数长度为

$$L_C = L_P - 2L_0 \qquad (4-9)$$

5）去均值化处理

计算剩余部分的均值，然后用每一个倒谱系数减去该均值，得到倒谱系数的相对值。

$$C_{wi} = C_i - \frac{1}{L_C} \sum_{i=L_0}^{L_C} C_i, \qquad i = L_0, L_0 + 1, \cdots, L_C \qquad (4-10)$$

6）嵌入水印

给定一个阈值 T，采用整体上下拉开的思路，对以上的相对倒谱系数进行修改，得到最终的倒谱系数，从而实现水印的嵌入。

嵌入规则如下：

$$\begin{cases} C_{wi} \leftarrow C_{wi} + T, m(j) = 1 \\ C_{wi} \leftarrow C_{wi} - T, m(j) = 0 \end{cases} \quad i = 1, 2, \cdots, L_C; j = 1, 2, \cdots, M \qquad (4-11)$$

7）重构音频信号

对嵌入水印的段重构后，实施复倒谱逆变换。然后进行小波重构，从而得到含有水印比特的音频段。将所有这些段重构，就获得了含全部水印信息的音频。

3. 水印提取

水印提取过程的前半部分与嵌入过程是一样的。在提取出比特序列后，先经过 BCH 解码处理，从而得到隐藏的水印比特序列。水印提取的流程如图 4-3 所示。

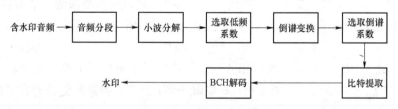

图 4-3 水印提取的流程

对获得的倒谱系数去两侧数据，计算剩下的倒谱系数平均值。按照以下规则进行隐藏信息的提取：

$$m_i = \begin{cases} 1, & E_P(i) \geqslant 0 \\ 0, & E_P(i) < 0 \end{cases} \quad i = 1, 2, \cdots, M \qquad (4-12)$$

然后，执行 BCH 解码处理，得到水印信息：

$$W = \mathrm{DEC}(\mathrm{BCH}(M))$$

4.2.3　实验分析

1. 实验环境

主机为戴尔计算机 Optiplex 740，其配置为 AMD Athlon™ 64 X2 Dual，Core Processor 3800+，2.00 GHz，1.00 GB 内存，安装有 Windows XP Professional 版本 2002 Service Pack 2 操作系统。

音频载体选择了三种：

（1）2008 年奥运会主题歌：《我和你》。

（2）钢琴曲：肖邦的《C 小调夜曲》。

（3）轻音乐：《Danube》。

其采样频率为 8 kHz，样本精度为 16 位，单声道。先从 MP3 转换为单声道 44.1 kHz 的波形文件，再下采样转换为 8 kHz 的波形文件。转换的目的是今后在电话网上能隐蔽传输，并可以转化为 AMR 文件，传输到手机中，成为手机彩铃，能进行版权管理。

隐藏水印设计了三种方案：

（1）4×4=16 位的图像水印"o"，便于 AMR 处理。

（2）8×8=64 位的图像水印"北"，便于合理参数的计算和测试。

（3）23×11=253 位的图像水印"北京"，大容量的水印测试，便于实用。

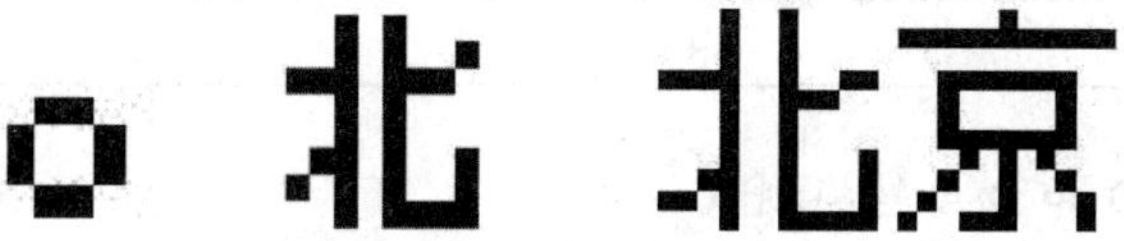

图 4-4　选用的三种图像水印

在信息传播方面，设计了两种方案：

（1）抗 A/D 和 D/A 转换测试：采用了直通电缆的传输方式，在单机上用电缆将音频输入输出接口相连。传输线为音频线 1.8 m 和延长线 1.8 m，共 3.6 m。

（2）AMR 处理。

仿真工具为 MATLAB 7.2。使用 Windows Media Player 播放器播放音频载体。使用 Cool Edit Pro 工具进行录音和各种编辑、攻击处理。

基本参数选择：选用 Harr 小波进行 7 级小波分解后，按照式（4-6）选取低频系数区域，所得频段在 77.5～500 Hz 范围。式（4-9）中的 L_0 为 10，式（4-11）中 T 值的合适范围为 0.005～0.025 中实验选取。式（4-5）中的 L_A 取值为 3 200 非常合适，此时，实际参与计算均值的数据为 155。

2. 隐藏信息为 16 位的图像水印

对 A/D 和 D/A 转换，与选用的载体有关系，选用《我和你》和《C 小调夜曲》作为音频载体，算法的参数为式（4-11）中的 T=0.015、式（4-5）中的 L_A=3 200 时，提取完全成功，误码率为 0。而选择《Danube》作为音频载体时，必须达到 $T=0.019\,5$。从音频质量考虑，选用较小的 T 值更有利于保证信噪比。此时，可以计算带宽 B：已知隐藏一个比特需要的音频段长为 3 200，$F=8\,000$ Hz，则 $B=8\,000/3\,200=2.5$ bps。

表 4-1　不同音频载体的隐藏误码率

音频载体	$T=0.015,\ L_A=3\,200$	$T=0.017,\ L_A=3\,200$	$T=0.019\,5,\ L_A=3\,200$
《我和你》	0	0	0
《C 小调夜曲》	0	0	0
《Danube》	43.75%	37.5%	0

3. 阈值参数 T 的合理计算

选择了 8 像素×8 像素图像水印"北"进行比较测试，结果表明，在 T 为 0.016 时，效果最佳，如表 4-2 所示。为此，后续实验也采用该值。

表 4-2　参数 T 的部分选用结果

T	误码率（BER）	相关系数（NC）
0.012	25%（16/64）	0.797 2
0.015	9.38%（6/64）	0.922 3
0.016	0（0/64）	1
0.019	6.25%（4/64）	0.944 4
0.020	14.06%（9/64）	0.885 0

4. 大容量抗 A/D 和 D/A 转换测试

采用图像水印"北京"进行大容量测试，结果非常成功，误码率为 0。图 4-5 所示为嵌入水印前后的《我和你》音频误差对比，可见误差非常小。

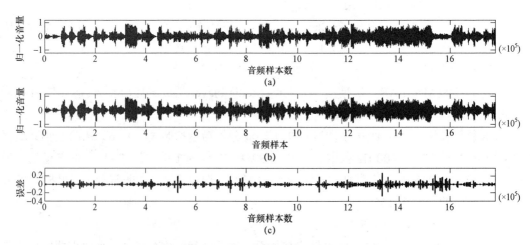

图 4-5　音频嵌入水印前后的对比

（a）原始音频信号；（b）含水印的音频信号；（c）误差信号

图 4-6 所示为经过 A/D 和 D/A 转换前后的数据均值计算对比情况，共有 BCH 编码的 555 个数据，按照式（4-12）能够完全正确提取。

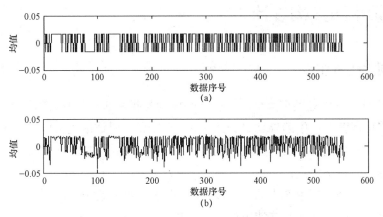

图 4-6 经过 A/D 和 D/A 转换前后的数据均值比较

（a）A/D 和 D/A 转换前；（b）A/D 和 D/A 转换后

5. 隐藏性能比较

将本节算法的实验效果与已有研究结果相比较，如表 4-3 所示。

表 4-3 算法效果比较

算法	隐藏信息	BER	带宽/bps	采样频率/kHz	效果
文献［7］	32 位	6.61%	14.36	44.1	几乎正确提取
文献［8］	26 像素×80 像素图像水印	未说明，但图片误差较大	104	44.1	仅达到可辨认状态
本节算法	23 像素×11 像素图像水印	0	2.5	8	正确提取，且适于电话网络传输

可见，本节算法虽然带宽小，但水印能够正确提取，嵌入容量大，实用性更强。

5. 抗 AMR 转换

随着手机彩铃的普遍使用，彩铃的安全传播和管理将成为新的问题。本节算法在这方面也开展了新的尝试，将水印隐藏在彩铃中，可以起到版权保护或秘密信息传播的作用。

目前，手机录音放音格式多数是 AMR 格式，因此要求算法能够抵抗 AMR 转换攻击。在上述的音频载体中成功完成水印嵌入后，需要将 16 位、8 kHz 的波形音频转换为 AMR 格式，就可以存入手机使用，或发送给他人。提取时，先将 AMR 文件转换为 WAV 格式，再提取水印信息。

AMR 转换工具为 MIKSOFT Mobile AMR converter，可以进行 WAVE 与 AMR 两种格式的相互转换。

水印信息为 16 位的"北"字，采用不同的 BCH 编码方法时，其效果有明显不同：采

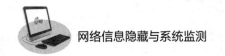

用 BCH(15,7,2)，阈值 T 设置为 0.019 5 时，BER＝3/16，效果不好；采用 BCH(31,16,3)时，使用同样的 T 值，BER 达到 0，取得了满意的效果。

4.3 扩频水印架构设计

4.3.1 扩频水印的生成

利用 m 序列，可以直接扩频音频水印。m 序列是指最长线性移位寄存器序列，它指带线性反馈的移位寄存器产生的周期最长的一种序列。m 序列是伪随机序列中最重要的一种，它容易实现，有良好的自相关的特性，主要用于在扩频系统中对那些传输的信息进行扩频调制。m 序列具有以下特点：

（1）m 序列每个周期中产生的 1、0 序列出现的次数大致相等。

（2）把序列中值相同的且连续出现的元素称为一个游程。在 m 序列中，长度为 1 的游程占总游程长度的 1/2，长度为 2 的游程占总游程长度的 1/4。

（3）m 序列具有类似伪随机序列的自相关函数（δ 函数）特性。

在实际应用中，代表数字产品版权信息的序列号往往都是由一组 $\{0,1\}$、$\{-1,1\}$ 或 $\{-c,c\}$（这里 c 是正整数）组成，它们不一定具有随机性。为了更好地保护版权信息，在此将先使用一个宽带的伪随机噪声序列对序列号进行扩频调制，再将扩频调制后的秘密信息隐藏在要保护的媒体信息中。

假设原始水印信息为双极性二值序列，即

$$m = \{m_i \mid m_i \in \{-1,1\}, 0 \leqslant i \leqslant N-1\} \qquad (4-13)$$

其中，N——原始水印的长度。

采用片率 c（大于 1 的正整数）的扩频码对原始水印信息进行扩频调制，得到长度为 $N \times c$ 的扩频序列。扩展方法有按位扩展和直接将原始水印信息延拓两种方式。前一种扩展方式如图 4-7 所示，其中 $c=3$，表达式为

$$s = \{s_j \mid s_j = m_j, i \times c \leqslant j \leqslant (i+1) \times c-1, 0 \leqslant i \leqslant N-1\} \qquad (4-14)$$

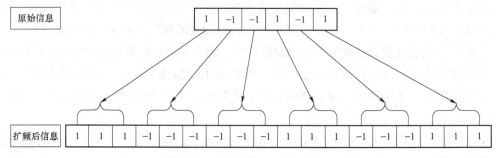

图 4-7　片率扩频（按位扩展）

后一种就是将原始信息互不重叠地周期延拓，它的表达式如下，扩展方式如图 4−8 所示。

$$s = \{s_j \mid s_j = m_j, i = j \bmod c, 0 \leqslant j \leqslant N \times c - 1\} \qquad (4-15)$$

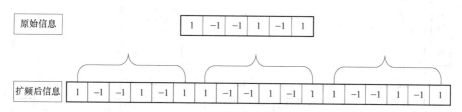

图 4−8　片率扩频（直接将原始水印信息延拓）

采用上述扩频方法的主要目的是使原始信息的 1 比特能冗余地分布到 c 个嵌入位置，从而提高秘密信息的鲁棒性。然后将该扩频序列与另一个长度为 $N \times c$ 的伪随机序列 $p = \{p_j \mid p_j \in \{-1,1\}, 0 \leqslant j \leqslant N \times c - 1\}$ 进行异或处理，即可得到水印序列 $w = \{w_j \mid w_j = p_j \oplus s_j, 0 \leqslant j \leqslant N \times c - 1\}$。

4.3.2　扩频音频水印技术架构

利用人耳对音频数据的幅度的整体增大或减小，而不改变相对幅度值的感觉不敏感特性，通过改变三段音频样本的幅值大小来调整三段音频能量的相对关系，从而实现秘密水印的嵌入。为了保证算法的安全性及鲁棒性，在算法中引入同步信号，并对水印信息进行纠错编码以及扩频调制等技术，将同步信号与水印信号一次嵌入音频信号的离散小波变换的低频系数，利用提取的同步序列与原始的同步码的相关性来定位水印信号嵌入的帧位置以及数据起始位置。该算法属于盲提取，具有很好的不可感知性和强鲁棒性。

水印算法的嵌入流程和提取流程如图 4−9 和图 4−10 所示[19]。

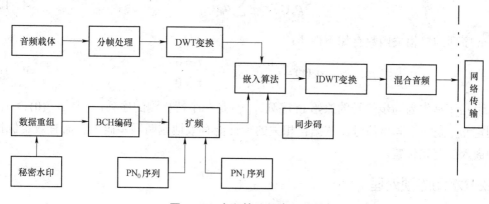

图 4−9　水印算法的嵌入流程

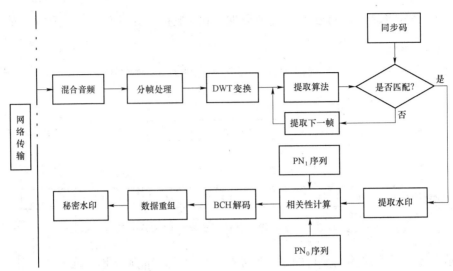

图 4-10 水印算法的提取流程

4.4 扩频水印算法设计

4.4.1 同步码的产生与检测

本算法仍然采用 m 序列作为同步信号，首先把 m 序列 $\{c_n\}(c_n=1,0)$ 转换为双极性的 m 序列 $\{c_n'\}(c_n'=1,0)$，即 $c_n'=2c_n-1$。假设 m 序列和 $\{b_n\}$ $(a_n,b_n=1,-1)$ 的周期均为 T，则 $\{a_n\}$ 和 $\{b_n\}$ 的互相关函数定义如下：

$$\rho_{a,b}(\tau)=\frac{1}{T}\sum_{n=1}^{T}a_n b_{n-\tau} \qquad (4-16)$$

式中，τ——时间延迟。

m 序列 $\{a_n\}$ 的自相关函数的定义如下：

$$\rho_a(\tau)=\frac{1}{T}\sum_{n=1}^{T}a_n a_{n-\tau} \qquad (4-17)$$

m 序列的自相关函数有如下性质：

$$\rho_a(\tau)=\begin{cases}1, & \tau=0 \\ -1/T, & \tau\neq 0\end{cases} \qquad (4-18)$$

设 $\{a_n\}$ 是作为同步信号的原始 m 序列，$\{b_n\}$ 是一个待检测的序列，一旦 $\rho_{a,b}(0)\geqslant n/T$，则判定 $\{b_n\}$ 是一个同步信号。依据自相关的特性能有效地判断同步码，从而有效定位秘密水印嵌入的起始位置。

4.4.2 水印的预处理

1. 水印降维及纠错编码

设水印信息为一幅二值图像信息 $\text{Im}=\{\text{Im}(i,j),i\in(1,N_x),j\in(1,N_y)\}$，$N_x$ 为图像的长度，

N_y 为图像的宽度。为了将图像水印信息嵌入一维音频数据载体，需要先对二值图像按照式（4-19）进行降维操作。

$$W_{one} = \{W_{one}(1,k), k = (i-1) \times N_x + j\} \qquad (4-19)$$

式中，$W_{one}(1,k) = Im(i,j), i \in (1, N_x), j \in (1, N_y)$ 。

然后，对 W_{one} 进行数据重组，再进行 BCH 纠错编码，形成真正待嵌入的水印信息 W，其中 $N = \lceil N_x \times N_y / 7 \rceil \times 15$。算法中采用的是 BCH(15,7,2)编码。

2. 冗余嵌入

对秘密水印采用多次冗余嵌入（次数为 Num）的方法来进一步提高水印的鲁棒性。具体嵌入方法如下：

对于一组水印信息 $W = \{W_0, W_1, \cdots, W_N\}$，在嵌入时，使用 2 个扩频序列来分别代表 1 序列和 0 序列。假设 PN_0 代表调制"0"水印序列的扩频码，PN_1 代表调制"1"水印序列的扩频码。

$$PN_0 = \{PN_{00}, PN_{01}, \cdots, PN_{0n}\} \qquad (4-20)$$

$$PN_1 = \{PN_{10}, PN_{11}, \cdots, PN_{1n}\} \qquad (4-21)$$

式中，n——扩频序列的长度。

由这两个扩频序列按照生成扩频水印的方式将一组水印信息调制为长度为 $Num \times N \times n$ 新序列，然后按照嵌入算法将信息嵌入音频载体。在解码时，计算每个扩频序列与提取出来的序列的相关性，假设提取出来的水印序列为 $Q = \{Q_0, Q_1, \cdots, Q_r\}$，其中 $r = N \times n \times Num$。

$$Corr_0(j) = \sum_{i=1}^{n} Q(i + (j-1) \times n) \times PN_0(i) / n \qquad (4-22)$$

$$Corr_1(j) = \sum_{i=1}^{n} Q(i + (j-1) \times n) \times PN_1(i) / n, \, j \in [1, Num \times N] \qquad (4-23)$$

按照如下公式来提取一位秘密水印信息：

$$w(j) = \begin{cases} 0, & Corr_0(j) > Corr_1(j) \\ 1, & Corr_0(j) \leqslant Corr_1(j) \end{cases}$$

重复以上操作，直到所有秘密水印信息全部提取出来。

3. 数据重组

如果在嵌入时多次嵌入相同的秘密水印序列，并且混合音频在传输过程中受到比较强的干扰，那么将可能导致最终提取水印失败。为了更好地避免这种现象，就将嵌入的水印序列进行数据重组，而不是仅仅将水印信息重复嵌入。设原始的水印信息为 W，则重组后的 3 组序列可以分别为

$$W^0 = \{W_0, W_1, \cdots, W_N\} \qquad (4-24)$$

$$W^1 = \{W_2, W_3, \cdots, W_N, W_0, W_1\} \qquad (4-25)$$

$$W^2 = \{W_4, W_5, \cdots, W_N, W_0, W_1, W_2, W_3\} \qquad (4-26)$$

然后，分别把式（4-14）、式（4-15）、式（4-16）中的 3 组水印信息按照冗余嵌入

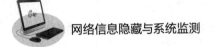
方式嵌入音频载体。在接收端，首先提取出水印信息，然后使用 PN_1 和 PN_0 扩频序列对水印信息进行解调，最后根据数据重组的排列规则恢复真正的水印信息。这种方法的好处是：水印序列即使在某时刻被严重干扰，只要其他位置的信息不被干扰，那么根据数据重组的规则就仍然能恢复出正确的水印信息。

4.4.3 隐藏数据的结构

真正的嵌入隐藏数据的结构如图 4−11 所示。首先，将原始水印进行预处理，形成 N_2 位的水印信息，然后将同步码（N_1 位）放在水印信息的前面，形成真正的隐藏在音频载体的信息。

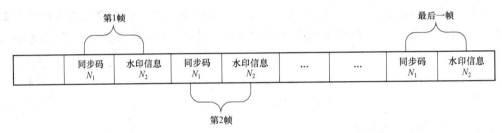

图 4−11　隐藏数据的结构

为了正确地恢复出秘密的水印信息，就必须解决帧同步与数据同步这两方面的同步问题。在嵌入水印信息时，以帧为单位嵌入，每个音频载体都首先经过了分段处理。因此，在秘密水印信息的提取过程中，必须确定混合音频载体中的哪帧隐藏了秘密水印信息。由于混合音频在受到攻击后，可能会导致音频样点数的变化，所以，在确定已经嵌入秘密水印的音频载体帧中，还需要确定水印的嵌入位置是从音频数据帧中的哪一个采样点开始。在本算法中，为了更好地确定水印数据的嵌入位置，获得更好的鲁棒性，将同步信号也嵌入音频载体的离散小波变换的低频系数中。

4.4.4 嵌入算法设计

1. 嵌入算法描述

将待嵌入的二值图像信息经过预处理后形成真正嵌入的水印信息：

$$W_{\text{Embed}} = \{w_{\text{embed}}(i), i \in (1, N_2)\}$$

其中，$N_2 = 3 \times N \times n \times \text{Num} \times 3 \times L \times 2^4$，$L$ 为每段音频数据中包含的音频采样点数目。

同步信息为

$$n_{\text{EmbedSy}} = \{n_{\text{embedsy}}(i), i \in (1, N_1)\}$$

将原始音频按照长度为 $N_{\text{frame}} = N_1 + N_2$ 的帧进行分段。水印嵌入算法的过程详细描述如下[20]：

（1）将原始音频文件 $A = \{a(i), i \in (1, N_{\text{Audio}})\}$ 按照式（4−27）和式（4−28）进行分帧处理，形成待隐藏秘密音频段和未进行处理的音频段。其中，N_{Audio} 为音频样本数。

$$A = A_{\text{embed}} + A_{\text{no}} \qquad (4-27)$$

$$A_{\text{embed}} = \{a(i), i \in (1, \lfloor N_{\text{Audio}} / N_{\text{frame}} \rfloor \times N_{\text{frame}})\} \tag{4-28}$$

（2）将一帧的音频信号 $A_{\text{embed-1}} = \{a(i), i \in (1, N_{\text{frame}})\}$ 进行 4 级小波分解，选中第 4 级低频小波系数 $ACa_{\text{embed-1}} = \{Aca_{\text{embed-1}}(j), j \in (1, N_{\text{frame}} / 2^4)\}$ 作为嵌入区间，其中 $Aca_{\text{embed-1}}(j) = \text{DWT}(a(i)), i \in (1, N_{\text{frame}})$。

（3）将 $Aca_{\text{embed-1}}$ 进行分段，段长为 L。其中每 3 段为一个嵌入区间，并按照式（4-29）、式（4-30）、式（4-31）分别计算每一个区间的能量。

$$E_1(j) = \frac{1}{L}\left(\sum_{i=1+(j-1)\times 3\times L}^{L+(j-1)\times 3\times L} |Aca_{\text{embed-1}}(i)|, j \in (1, N_{\text{frame}} / (2^4 \times 3 \times L))\right) \tag{4-29}$$

$$E_2(j) = \frac{1}{L}\left(\sum_{i=L+1+(j-1)\times 3\times L}^{2\times L+(j-1)\times 3\times L} |Aca_{\text{embed-1}}(i)|, j \in (1, N_{\text{frame}} / (2^4 \times 3 \times L))\right) \tag{4-30}$$

$$E_3(j) = \frac{1}{L}\left(\sum_{i=2\times L+1+(j-1)\times 3\times L}^{3\times L+(j-1)\times 3\times L} |Aca_{\text{embed-1}}(i)|, j \in (1, N_{\text{frame}} / (2^4 \times 3 \times L))\right) \tag{4-31}$$

（4）将 E_1、E_2 和 E_3 进行排序，得到最大值 E_{max}、中间值 E_{mid} 和最小值 E_{min}，然后按照式（4-32）、式（4-33）分别计算最大值与中间值的差 $A(j)$ 以及中间值与最小值的差 $B(j)$。

$$A(j) = E_{\text{max}}(j) - E_{\text{mid}}(j) \tag{4-32}$$

$$B(j) = E_{\text{mid}}(j) - E_{\text{min}}(j) \tag{4-33}$$

（5）假设"1"用 $A(j) - B(j) \geq T_h$ 表示，而"0"则用 $B(j) - A(j) \geq T_h$ 来表示，T_h 为嵌入强度阈值，T_h 越大，音频的不可感知性将会变差，但与此同时，算法的鲁棒性就越好。

（6）如果在某一嵌入区间内要嵌入的秘密信息为"1"，并且该嵌入区间的能量差 S 满足 $A(j) - B(j) \geq T_h$ 这个条件，则该嵌入区间的系数无须做任何修改，否则需要增加 E_{max} 并且减少 E_{mid}，直到满足 $A(j) - B(j) \geq T_h$。如果在某一嵌入区间内要嵌入的秘密信息为"0"，而该段嵌入区间的能量差 S 满足 $B(j) - A(j) \geq T_h$ 条件，则该嵌入区间无须做任何修改，否则需要增加 E_{mid} 并且减少 E_{min}，直到满足 $B(j) - A(j) \geq T_h$。

（7）假设每段嵌入区间变化的值为 b，通过 $E'_{\text{max}} = E_{\text{max}} + b$、$E'_{\text{mid}} = E_{\text{mid}} - b$ 的修改，使 $A'(j) - B'(j) \geq T_h$，以完成秘密水印信息"1"的嵌入。

$$(E_{\text{max}} - E_{\text{mid}} + 2b) - (E_{\text{mid}} - E_{\text{min}} - b) \geq T_h \tag{4-34}$$

所以为了隐藏信息"1"，该嵌入区间的修改值要满足 $b \geq (T_h - (A - B))/3$ 这个条件。反之，为了隐藏信息"0"，该嵌入区间的修改值要满足 $b \geq (T_h - (B - A))/3$ 这个条件。

（8）重复（3）～（7）的操作，将扩频的秘密水印信息与同步码嵌入音频的第 4 级小波系数。然后，分别进行小波反变换，形成混合音频文件。

（9）计算原始音频载体与混合音频文件的信噪比 SNR，判断此 SNR 是否超过预定的信噪比，若超过，则减少嵌入强度因子 c。

2. 嵌入强度阈值 T_h 的选取

嵌入强度阈值 T_h 决定了 $A(j)$ 与 $B(j)$ 之间差的大小，决定着嵌入区间之间修改的幅度大小。由于音频传输过程中，混合音频文件不可避免地会有一定的波形或幅度失真，因此

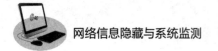

嵌入强度阈值 T_h 的大小决定了算法的鲁棒性，同时 T_h 也是影响算法不可感知性的重要因素。我们应该在保证混合音频的不可察觉性（一定的 SNR 值）的前提下尽量取更大的阈值，以使算法获得更强的鲁棒性。

假设某一区间内嵌入的是水印信息比特"1"，则由于嵌入区间中三段位置相邻，在混合音频受干扰时，这三段能量可能受到相同的改变。最坏的情况是 $E'_{max} = E_{max} - c \times E_{max}$ ， $E'_{mid} = E_{mid} + c \times E_{mid}$ ， $E'_{mid} = E_{min} - c \times E_{min}$ ， c 为嵌入强度的调整因子。为了保证提取方用户仍然能正确地提出水印信息"1"，那么受到干扰后的嵌入区间的能量差 S 则应该满足：

$$(E'_{max} - E'_{mid}) - (E'_{mid} - E'_{min}) \geqslant 0 \tag{4-35}$$

即 $A - B \geqslant c \times (E_{max} + 2E_{mid} + E_{min})$ ，所以 T_h 的最小值为 $c \times (E_{max} + 2E_{mid} + E_{min})$ 。

为了保证这三段的能量在进行修改后，它们之间的相对关系不发生任何改变（否则，接收方将会做出错误的区间判断，就会影响水印的正确提取），因此修改后的能量必须满足 $E'_{max} > E'_{mid} > E'_{min}$ 这个条件，即

$$E_{mid} - b > E_{min} , \quad T_h < 2B + A$$

综上所述，在嵌入水印信息"1"时，嵌入强度 T_h 的取值范围为

$$[c \times (E_{max} + 2E_{mid} + E_{min}), E_{max} + E_{mid} - 2E_{min})$$

反之，在嵌入水印信息"0"时，嵌入强度 T_h 的取值范围为

$$[c \times (E_{max} + 2E_{mid} + E_{min}), 2E_{max} - E_{mid} - E_{min})$$

4.4.5 水印提取算法

本节讨论的鲁棒音频扩频水印算法仅仅是对嵌入区间的三段能量的值进行修改，且不破坏三段能量的相对关系，在提取时通过判断嵌入区间的能量差值来完成秘密水印的提取，所以这属于盲水印算法。详细的水印算法提取过程描述如下：

（1）将接收方接收到的混合音频文件 $A' = \{a'(i), i \in (1, N'_{Audio})\}$ 按照式（4-27）和式（4-28）进行分段处理。

（2）将每帧的音频信号 $A'_{embed-1} = \{a'(i), i \in (1, N_{frame})\}$ 进行 4 级小波分解，选用 db1 小波，并将第 4 级低频小波系数 $ACa'_{embed-1} = \{aca'_{embed-1}(j), j \in (1, N_{frame} / 2^4)\}$ 按照嵌入区间进行分段处理，并分别按照式（4-29）、式（4-30）、式（4-31）计算每一个嵌入区间的三段能量 E'_1 、 E'_2 、 E'_3 。

（3）对 E'_1 、 E'_2 、 E'_3 进行排序操作，并分别得到最大值 E'_{max} 、中间值 E'_{mid} ，最小值 E'_{min} 。

（4）按照式（4-32）和式（4-33），分别计算嵌入区间的能量差值 A' 和 B' 。

（5）按照下式判断这个嵌入区间嵌入的秘密水印信息是"1"还是"0"。

$$w'(i) = \begin{cases} 1, & A' - B' \geqslant 0 \\ 0, & A' - B' < 0 \end{cases} \tag{4-36}$$

（6）重复（2）～（5）的操作，将所有嵌入的信息都提取出来。然后进行同步码检测操作，首先确定哪个嵌入区间有秘密信息，然后确定秘密信息的嵌入位置。待确定秘密水印信息的起始嵌入位置后，提取的信息就是有用信息 W' 。

（7）将信息 W' 分别与 PN_0 和 PN_1 序列进行解扩操作，形成解扩后的有用信息 W'_{spread}。

（8）对 W'_{spread} 进行 BCH 纠错解码后，按照数组重组时的顺序，恢复出真正的水印信息 Watermark。在恢复时，采用的是多数判定原则。由于数据重组实际上是嵌入了 3 份不同顺序的水印信息，因此在调整顺序后，根据 3 组水印数据中全部相同的个数来衡量数据的可信度。

（9）将水印信息 Watermark 进行升维操作，形成有用的图像信息 I'。

4.5　扩频水印算法仿真

为客观评价本算法的性能，在此引入了评价恢复秘密水印正确率的位错误率（BER）及评价隐藏音频、保密音频感知质量的信噪比。

4.5.1　不可感知性测试

采用的水印信号为 11 像素×14 像素的二值图像。为了更好地说明该算法的透明性，实验分别采用采样频率为量化精度为 16 位、44.1 kHz、音频文件时长约 160 s 的古典音乐（流水）、流行音乐（鸭子）、男高音以及女音 4 种类型的音频文件。

同步信号选取一个周期为 31 的 m 序列，其判断是否同步的阈值取为 0.8，纠错码选用的是 BCH(15,7,2)，扩频码 PN_0 和 PN_1 的长度为 8，段长 L 为 8，嵌入因子 c 的初始值为 0.005。在实验过程中，为了更好地保证算法的抗剪切等攻击，将同步码和秘密水印信息在音频载体中冗余嵌入 2 份，将秘密信息隐藏在第 4 级小波变换的低频系数中，实验过程中选用 db1 小波。

在无攻击的情况下，原始公开音频和混合音频的波形对比如图 4-12～图 4-15 所示。试听结果表明，嵌入秘密水印信息后的混合音频和原始音频的差别几乎无法感知，不易引起攻击者的怀疑，达到了隐藏信息"透明"的要求。

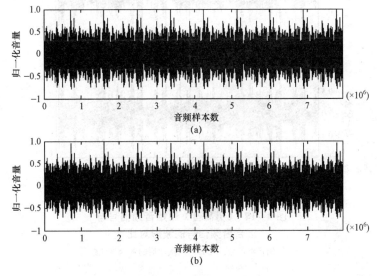

图 4-12 （古典音乐）原始音频信号与混合音频信号的波形对比

（a）原始音频信号；（b）嵌入水印后的混合音频信号

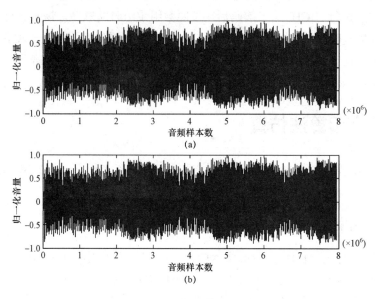

图 4-13 （流行音乐）原始音频信号与
混合音频信号的波形对比

（a）原始音频信号；（b）嵌入水印后的混合音频信号

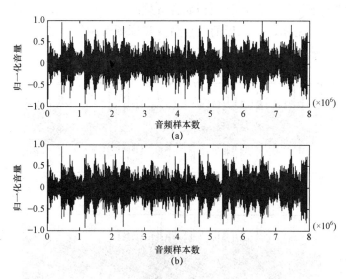

图 4-14 （男高音）原始音频信号与
混合音频信号的波形对比

（a）原始音频信号；（b）嵌入水印后的混合音频信号

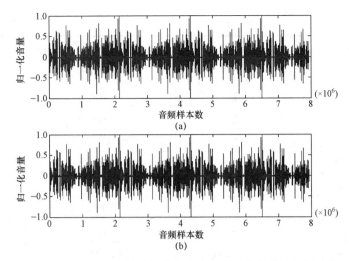

图 4-15　（女音）原始音频信号与混合音频信号的波形图对比

（a）原始音频信号；（b）嵌入水印后的混合音频信号

计算 4 种音频载体在嵌入秘密水印信息后的混合音频载体的 SNR 分别为 25.69（古典音乐）、21.08（流行音乐）、21.73（男高音）、20.89（女音），这 4 种类型的音乐的信噪比（SNR）都大于 20，说明这个算法对不同的音频载体文件具有良好的不可感知性。

嵌入的原始水印图像与提取出的水印图像的对比如图 4-16 所示，它的误码率 BER 为 0。

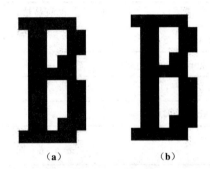

图 4-16　原始水印图像与提取出的水印图像的对比

（a）原始图像；（b）提取出的图像

4.5.2　鲁棒性实验

为了验证算法的鲁棒性，用 Cool Edit Pro 2.0 软件对混合音频（古典音乐）进行基于 Strimark Benchmark for Audio 的攻击、MP3 攻击、常规信号处理以及低通滤波攻击。测试结果如表 4-4～表 4-7 所示。表 4-6 中的加噪 SNR 是指添加噪声后的音频与混合音频的信噪比。SNR 越大，表明加入的噪声越少；反之，噪声越大。

表 4-4　基于 **Strimark Benchmark for Audio** 的稳健性测试

攻击类型	提取水印	攻击类型	提取水印
Addbrumm_100	**B**	Addnoise_100.wav	**B**
Addbrumm_110		Addnoise_500.wav	**B**
Compressor	**B**	Addnoise_900.wav	**B**
Stat1	**B**	Amplify	**B**

续表

攻击类型	提取水印	攻击类型	提取水印
Invert	🄱	Exchange	B
Stat2	B	Rc_lowpass	B
Zerocross	B	Zeroremove	🄱
ExtraStereo_30	B	ExtraStereo_50	B
ExtraStereo_70	B	FlippSample	B
CutSamples	🄱	FFT_RealReverse	B
RC_HighPass	🄱	FFT_HLPass	🄱
Smooth	B	Smooth2	B
VoiceRemove	提取失败	AddFFTNoise	提取失败

表 4−5　对 MP3 压缩攻击的稳健性测试

压缩比	提取效果	压缩比	提取效果
128 kbps（5.5:1）	B	112 kbps（6.3:1）	B
96 kbps（7.4:1）	B	80 kbps（8.8:1）	B
64 kbps（11:1）	B	56 kbps（12.6:1）	B
48 kbps（14.7:1）	B	32 kbps（22:1）	B

表 4−6　对常见攻击的稳健性测试

攻击类型	提取效果	攻击类型	提取效果
归一化	B	幅度伸缩（＋50%）	B
幅度伸缩（−50%）	B	加噪（SNR＝20 dB）	B
加噪（SNR＝18 dB）	B	加噪（SNR＝15 dB）	B
加噪（SNR＝12 dB）	🄱	加噪（SNR＝10 dB）	🄱
重量化 16 位→32 位→16 位	B	重采样 44.1 kHz→16 kHz→ 44.1 kHz	B
重量化 16 位→8 位→16 位	B	重采样 44.1 kHz→22.025 kHz→ 44.1 kHz	B

表 4−7　对低通滤波攻击的稳健性测试

截止频率/kHz	提取效果	截止频率/kHz	提取效果
22.050	B	11.025	B
9	B	4	B
3	B	2.5	🄱

分析以上攻击实验结果，结合听觉测试，可以得到以下结论：

（1）该算法对于常规的信号处理（如重采样、重量化、幅度攻击）有很好的稳健性能，这主要是由于秘密水印信息嵌入在音频文件的离散小波变换的低频小波系数中，并且算法采用三段能量比较的方法来嵌入秘密水印信息。经过加噪（SNR＝10）攻击后，通过听觉测试可知，混合音频有很大的破坏，但是仍然能提出可见水印，表明算法的抗噪声能力很强。

（2）该算法对于低通滤波以及 MP3 攻击也有很好的稳健性。由于将秘密信息嵌入在小波分解的第四层低频系数中，而此时低频系数的最大频率为 2 750 Hz，在理论上可以抵抗 2 750 Hz 以上的低通滤波。通过实验也验证了这个结论。

（3）在音频水印技术中，Stirmark Benchmark for Audio 是一种常用的稳健性评估工具。在表 4-4 中，所有的攻击操作都基于软件集成的默认参数。从表 4-4 所示的实验结果中可以看出，该算法对于大多数攻击是稳健的。同时也注意到该算法对于一些攻击是很敏感的，如 VoiceRemove、AddFFTNoise、FFT_HLPass、RC_HighPass、CutSamples、Zeroremove、Addbrumm_110、Invert 攻击。根据算法的特点以及攻击的特点来进行分析：对于在 VoiceRemove 和 AddFFTNoise 攻击下，听力测试表明此时的混合音频已经完全被破坏了，听不到任何有意义的内容；对于在 FFT_HLPass 和 RC_HighPass 攻击下，音频的低频系数已被去除，但秘密信息嵌入在 DWT 的低频系数中，导致无法正确提取秘密信息；对于 Invert 攻击，可以看出提取的结果与嵌入的水印完全相反。

4.5.3　A/D 和 D/A 攻击实验

为了验证算法的抗 A/D 和 D/A 攻击能力，实验中将两台 PC 用电缆线的方式连接，然后将一台 PC 用于播放混合音频，将另一台 PC 利用录音软件对混合音频进行录制的方式来模拟 A/D 和 D/A 变换，并将两台 PC 的音量调为一样。实验中采用古典音乐作为音频载体，具体的参数采用与不可感知性实验参数一致，但嵌入的水印信息为长度为 21 位的二进制序列。图 4-17 所示为原始音频波形。

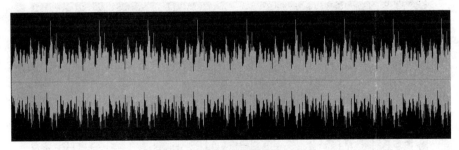

图 4-17　原始音频波形

图 4-18 所示为嵌入秘密信息的混合音频波形。

将图 4-18 中嵌入秘密信息后的音频信号转换为模拟信号，经过模拟信道传输，再经过 A/D 转换之后（电缆线方式）在接收端采集的混合音频波形如图 4-19 所示。

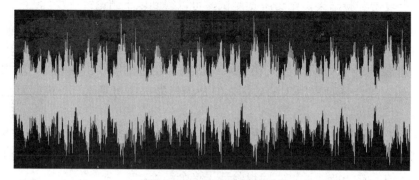

图 4-18　混合音频波形

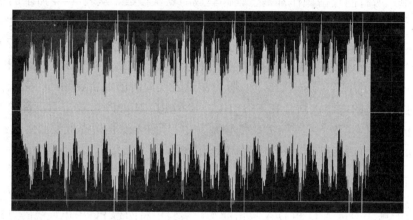

图 4-19　经过电缆线传输接收到混合音频波形

　　将接收到的音频文件进行预处理操作，包括音频对齐等。经过这些预处理后，可以得到一个新的混合音频文件，其波形如图 4-20 所示。

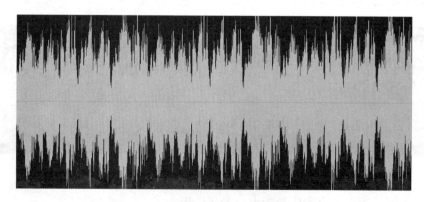

图 4-20　经过预处理后的混合音频波形

　　然后，对预处理后的混合音频提取秘密信息。原始信息与提取出的信息的对比如图 4-21 所示。

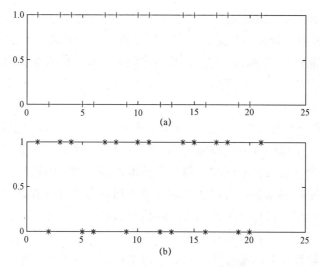

图 4-21　原始信息与提取出的信息的对比
（a）原始信息；（b）提取信息

　　由图 4-21 可知，从经过电缆线采集的混合音频文件中能有效地提取出秘密水印信息，表示该算法能抵抗一定的 A/D 和 D/A 攻击。

4.5.4　算法分析

　　该算法在提取过程中不需要原始音频载体的参与，属于盲检测水印算法，由于在秘密信息嵌入前使用了扩频技术以及纠错编码技术，而扩频码的初始值可以作为算法的一个密钥，这对该算法的安全性起到很好的保护作用。

　　隐藏容量是指单位时间内嵌入音频载体的位数，用 bps 表示。在本书中，算法的隐藏容量 B 的计算表达式为

$$B = R / (3 \times L \times 2^K \times 3 \times n \times \text{code}) \tag{4-37}$$

式中，R——采样频率；

　　L——每个区间的长度；

　　K——小波分解级数；

　　n——扩频码的长度；

　　code——编码效率。

　　本算法的隐藏容量为 2.3 bps。隐藏容量小的原因在于算法采用了扩频技术、纠错编码技术以及数据重组技术，导致算法嵌入一个有用信息所需的采样点数目增多。

4.6　小结

　　本章针对公共信息传播的特殊背景，提出了两种音频水印算法。

（1）本章基于倒谱算法的创新之处在于，基于音频信号的低频特征，并综合应用倒谱

技术和小波多级分解方法，成功地实现了抗 A/D 和 D/A 转换的音频水印算法，不需要同步码，误码率为 0。而且，隐藏信息是较大容量的图像水印，具备了一定的实用性。

此外，算法还能够抵抗 AMR 攻击，既能实现手机彩铃的安全传播和管理，又能在线录制含水印的传输音频，具有很好的应用前景。今后，需要在 AMR 文件中隐藏大容量水印信息，使之更具有实用性。

（2）本章提出了一种通过调整三段能量关系来完成秘密图像水印嵌入的音频水印算法。本章算法将秘密水印信息嵌入音频载体的第四级低频小波系数，算法中引入同步码来定位秘密信息的起始位置，加入扩频码和纠错编码技术以保证算法的抗攻击能力，隐藏信息后的音频具有良好的不可感知性，可以在主观听觉上迷惑恶意攻击者。该算法还采用了数据重组技术以及冗余编码，以进一步提高算法的抗攻击能力。扩频码的初始值作为算法的密钥，保证了算法的安全性。在恢复秘密水印信息时，不需要原载体语音，因此本章算法属于盲提取算法。鲁棒性实验结果表明，该算法对重量化、重采样、低通滤波、MP3 压缩等操作具有很强的鲁棒性；抗 A/D 和 D/A 实验结果表明，该算法具有一定的抗 A/D 及 D/A 攻击能力，但算法的隐藏容量较小，有待进一步提高。

参考文献

[1] Leandro de C.T. Gomes1，et al. Audio Watermarking and Fingerprinting for Which Applications [J]. Journal of New Music Research，2003，32（1）：65－82.

[2] Martin Steinebach，et al. Audio Watermarking Quality Evaluation：Robustness to DA/AD Processes [C]. Proc. of the Int. Conf. On Information Technology：Coding and Computing （ITCC'02）.

[3] Ryuki Tachibana. Audio Watermarking for Live Performance [C]. Proceedings of the SPIE，2003，5020：32－43.

[4] Martin Steinebach，et al. Intrusion Detection Systems for IP Telephony Networks [C]. RTO IST Symposium on "Real Time Intrusion Detection". Estoril，Portugal，May 27－28，2002.

[5] Siyue Chen，Henry Leung，Heping Ding. Concurrent data transmission on analog telephone channel by data hiding technique [J]. IEEE Signal Processing Letters. 2005，12（8）：581－584.

[6] Toshio Modegi，Makoto Chiba. Nearly Lossless Audio Watermark Embedding Techniques to be Extracted Contactlessly by Cell Phone [C]. ICMU2006.，London，U.K.

[7] 项世军，黄继武，王永雄.一种抗 D/A 和 A/D 变换的音频水印算法 [J]. 计算机学报，2006，29（2）：308－316.

[8] 王让定，蒋刚毅，陈金儿，等. 基于陷阱策略的音频数字水印新方法 [J]. 计算机研究与发展，2006，43（4）：613－620.

[9] 殷雄，张晓明. 基于 DWT 域的同步音频信息隐藏算法 [J]. 武汉大学学报（理学版），2005，52（S1），77－81.

［10］ 由守杰，柏森，曹巍巍，等. 一种抗 D/A 和 A/D 转换的音频信息隐藏算法［J］. 计算机工程与应用，2008，44（3）：113－116.

［11］ 雷赟，刘建，严波，等. 窄带的自同步音频水印算法［J］. 计算机学报，2009，31（7）：1283－1290.

［12］ 王向阳，杨红颖，赵红. 一种可抵抗 MP3 压缩的音频水印算法［J］. 自动化学报，2007（3），33（3）：248－252.

［13］ Harumi Murata，Akio Ogihara，Motoi Iwata，et al. Multiple Embedding for Time-Domain Audio Watermarking Based on Low-Frequency Amplitude Modification［C］. The 23rd International Technical Conference on Circuits/Systems，Computers and Communications（ITC–CSCC 2008）：1461－1464.

［14］ Hafiz Malik，Ashfaq Khokhar，Rashid Ansari.Robust Audio Watermarking using frequency selective spread spectrum theory［C］. ICASSP 2004：V－385－388，Quebec，Canada.

［15］ Nedeljko Cvejic，Tapio Seppanen.Spread Spectrum Audio Watermarking Using Frequency Hopping and Attack Characterization［J］. Sinal Processing. 2004，84（1）：207－213.

［17］ 项世军，黄继武，王永雄.一种抗 D/A 和 A/D 变换的音频水印算法［J］. 计算机学报，2006，29（2）：308－316.

［18］ 张晓明，禹召阳，李文治. 面向公共信息传播的音频水印算法［J］. 计算机应用，2009，29（9）：2323－2326.

［19］ 殷雄，张晓明. 基于纠错编码和扩频通信的音频水印算法［J］. 北京石油化工学院学报，2007，15（4）：43－48.

［20］ 李文治. 鲁棒性数字音频水印算法研究［D］. 北京：北京化工大学，2010.

第 5 章　基于网页表格的
信息隐藏算法设计

网页信息隐藏的用途大体可以概括为两种：一种是用于隐蔽通信的网页信息隐藏，另一种是用于保护网页内容的网页信息隐藏。用于隐蔽通信的网页信息隐藏方法研究得较多，对于保护网页内容的网页信息隐藏，当网页内容被修改时，可以结合数字签名技术来防止网页内容被篡改。

在网页中隐藏信息的途径主要有两种：一种是利用网页中的数据元素来隐藏信息，可以利用信息隐藏技术和水印技术将信息隐藏在网页中的图像、视频、音频、动画等多媒体网页元素中；另一种是基于网页标记的信息隐藏方法，这种方法通过改变网页中的标记和格式来隐藏信息，而不影响网页载体在浏览器上的显示结果，简单灵活且有较强的隐蔽性。

本章提出并设计了基于网页表格的隐藏算法，包括单一表格和复杂表格的隐藏模型和算法设计。

5.1　基于表格的网页信息隐藏原理

在网页中，表格是页面排版的主要手段，也是页面的重要元素。用户可以通过在表格的单元格中放置任何元素（包括文字、图片、动画、音频、视频和表单等）来实现系统地布置网页中的文字内容及多媒体数据。表格具有结构严谨、效果直观和容量大等特点，是网页中不可缺少的记录和总结工具。尽管 DHTML 中的层也可以实现网页元素的自由定位，但是与 DHTML 中的层相比，表格显然更加便于编辑与修改。熟练地运用表格的各种属性，可以让网页看起来赏心悦目。

正因为表格是网页页面的重要元素，所以利用表格来进行隐秘信息的隐藏更具有普遍性。

5.1.1　表格标记

HTML 中定义的最主要的表格标记有<table>、<tr>、<td>。其中，<table>是一个容器标记，用来宣告这是表格并且其他表格标记只能在它的范围内才适用；<tr>用于表示表格的行；<td>用于表示表格的列。

一个 3 行 4 列的单一表格如图 5-1 所示。

补齐图 5-1 所示表格的所有的行列距属性，其

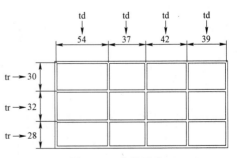

图 5-1　表格示意

表格标记表示如下：

```
<table width="200" height="100" border="1">
  <tr>
    <td width="54" height="30"> </td>
    <td width="37" height="30"> </td>
    <td width="42" height="30"> </td>
    <td width="39" height="30"> </td>
  </tr>
  <tr>
    <td width="54"height="32"> </td>
    <td width="37"height="32"> </td>
    <td width="42"height="32"> </td>
    <td width="39"height="32"> </td>
  </tr>
  <tr>
    <td width="54"height="28"> </td>
    <td width="37"height="28"> </td>
    <td width="42"height="28"> </td>
    <td width="39"height="28"> </td>
  </tr>
</table>
```

在表格标记中，有一些参数设置就是单元格的属性设置。例如，在<td> 的参数设定中，width 表示宽度，height 表示高度。表格的宽度、高度属性也是本章设计算法要用到的两个重要参数。

5.1.2　单元格行列距属性特征分析

特征一：在一个<table></table>中，若 table 的 width 属性值一定，则当按原比例增大其中第一组<td>的 width 属性值时，并不改变原有表格的显示结果。图 5-1 所示的表格中第一组<td>的 width 属性值分别为 54、37、42、39。

特征二：在一个<table></table>中，若 table 的 width 属性值一定，且其中第一组的<td>的 width 属性值一定，则改变<table></table>中其他<td>组的 width 属性值，并不改变原有表格的显示结果。需要说明的是，表格的行数与<table></table>中<td>组的个数相同，在图 5-1 所示的表格中共有 3 行，故<table></table>中<td>组的个数为 3。

特征三：在一个<table></table>中，若 table 的 width 属性值一定，则每组<td>的 height 属性值只取决于该组每个<td>height 值的最大值，也就是说，当保留一组<td>中的最大 height 值时，该组的其他 height 值减小，并不改变原有表格的显示结果。

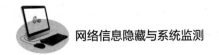

特征四：当有多个表格时，不同<table></table>中 width 属性值或百分比相差仅为 1 时，从视觉角度几乎看不出表格之间的差异。

5.1.3　隐藏原理

判断单元格行列距属性值的奇偶性：若要嵌入的比特为"0"，且表格中一行的相邻两列的奇偶性为非双偶，则需将其中的奇数值加 1，变为偶数；若要嵌入的比特为"1"，且表格中一行的相邻两列的奇偶性为非双奇，则需将其中的偶数值加 1，变为奇数。由 5.1.2 节中的特征一、特征二可知，单元格横向加 1，对原有表格的显示结果几乎没有影响。表格中一行的相邻两列的奇偶性判断嵌入完成后，进行表格中一列的相邻两行的奇偶性判断。若要嵌入的比特为"0"但表格中一列的相邻两行奇偶性为非双偶时，就需将其中的奇数值减 1，变为偶数。若要嵌入的比特为"1"，但表格中一列的相邻两行的奇偶性为非双奇，就需将其中的偶数值减 1，变为奇数。由 5.1.2 节中的特征三可知，单元格纵向减 1，对原有表格的显示结果几乎没有影响。

在此，可以把隐藏原理简单地归结为"横向+1，纵向−1"。

5.2　基于单一表格的信息隐藏算法设计

隐藏算法包括嵌入算法、提取算法和容量计算算法[1,2]。

5.2.1　基本定义

定义 1：一个 HTML 文件中共有 t 个表格，每个表格用 T_i 表示（$1 \leqslant i \leqslant t$）。

定义 2：表格 T_i 中有 m 行，每行用 R_j 表示（$1 \leqslant j \leqslant m$）。

定义 3：表格 T_i 中有 n 列，每列用 C_k 表示（$1 \leqslant k \leqslant n$）。

定义 4：（$C_{[i,j,k]}, C_{[i,j,k+1]}$）表示表格 T_i 的行 R_j 中的相邻两列，其中 $1 \leqslant k+1 \leqslant n$。

定义 5：（$R_{[i,k,j]}, R_{[i,k,j+1]}$）表示表格 T_i 的列 C_k 中的相邻两行，其中 $1 \leqslant j+1 \leqslant m$。

定义 6：用 $C_{[i,j,k]} \rightarrow$ width 表示表格 T_i 的行 R_j、列 C_k 的列宽。

定义 7：用 $R_{[i,k,j]} \rightarrow$ height 表示表格 T_i 的列 C_k、行 L_j 的行高。

定义 8：隐藏信息为 a（以二进制 0、1 的形式表示），a 的长度为 N。

5.2.2　嵌入算法

输入：网页载体 H，待隐藏的秘密信息 a。

输出：嵌入信息后的网页 H'。

步骤：

（1）同一表格中，每个<tr></tr>中的<td>的 height 属性值相同。取网页载体 H，找到<tr></tr>中第一个<td>的 height 值，并将该值赋给这一<tr></tr>的其他<td>的 height。

（2）同一表格中，不同<tr></tr>中的<td>的 width 组值相同，且取决于第一个<tr></tr>中<td>的 width 组。找到第一个<tr></tr>中<td>的 width 组值，将这一集合值赋给其他

<tr></tr>中<td>的 width 组。

（3）取表格 T_i。

（4）分别计算 T_i 的行数 m 和列数 n。若满足 $m \geq 1$ 且 $n \geq 2$ 或 $m \geq 2$ 且 $n \geq 1$，则转到（5）；否则，$i=i+1$，返回（3），取下一个表格。

（5）按行遍历表格 T_i 的每个单元格，遍历当前行为 R_j。

（6）遍历行 R_j 的当前列为 C_k。

（7）若 $k+1 < n$，则判断（$C_{[i,j,k]} \to$ width, $C_{[i,j,k+1]} \to$ width）的奇偶性。

若 a 中要嵌入的位为"1"，且（$C_{[i,j,k]} \to$ width, $C_{[i,j,k+1]} \to$ width）的奇偶性为非双奇，则需将其中的偶数值加 1，变为奇数；若当要嵌入的比特为"0"，且（$C_{[i,j,k]} \to$ width, $C_{[i,j,k+1]} \to$ width）的奇偶性为非双偶，则需将其中的奇数值 +1，变为偶数。

每嵌入 1 比特，则 $N=N-1$，且保存 $R_{[i,k,j]} \to$ height 和 $R_{[i,k+1,j]} \to$ height 的值，$k=k+2$，返回（6）。

若 $j=m$ 且行 R_m 中的列全部遍历完成，则此时信息横向嵌入完成，并且每个单元格 height 值保存完成，转到（8）；否则，$j=j+1$，返回（5）遍历表格 T_i 的下一行。

（8）重新令 $k=1$（$1 \leq k \leq t$），进行表格的纵向嵌入，转到（9）。

（9）令 $j=1$（$1 \leq j \leq m$），若 $j+1 < m$，则判断（$R_{[i,k,j]} \to$ height, $R_{[i,k,j+1]} \to$ height）的奇偶性。

若 a 中要嵌入的比特为"1"，但（$R_{[i,k,j]} \to$ height, $R_{[i,k,j+1]} \to$ height）的奇偶性为非双奇，则需将其中的偶数值减 1，变为奇数；若要嵌入的比特为"0"，但（$R_{[i,k,j]} \to$ height, $R_{[i,k,j+1]} \to$ height）的奇偶性非双偶，则需将其中的奇数值 -1，变为偶数。

每嵌入 1 比特，则 $N=N-1$，$j=j+2$，返回（9）。

若 $k=n$，且 $i < t$，则 $i=i+1$，返回（3），取下一个表格重复以上步骤。

若 $i=t$，则转到（10）；否则，$k=k+1$，返回（8）。

（10）此时，$N=0$，嵌入完成。

（11）输出 H'。

5.2.3　提取算法

输入：待提取网页 H'。

输出：隐藏的秘密信息。

步骤：

（1）定义一个空字符串 a。

（2）取表格 T_i。

（3）分别计算 T_i 的行数 m 和列数 n。若满足 $m \geq 1$ 且 $n \geq 2$ 或 $m \geq 2$ 且 $n \geq 1$，则转到（4）；否则，$i=i+1$，返回（2），取下一个表格。

（4）按行遍历表格 T_i 的每一单元格，遍历当前行为 R_j。

（5）遍历行 R_j 的当前列为 C_k。

（6）若 $k+1 < n$，则判断（$C_{[i,j,k]} \to$ width, $C_{[i,j,k+1]} \to$ width）的奇偶性。

若奇偶性为双偶，则提取"0"；若奇偶性为双奇，则提取"1"。

每提取 1 比特，则 $a=a+'0'|'1'$，且保存 $R_{[i,k,j]}\rightarrow$height 和 $R_{[i,k+1,j]}\rightarrow$height 的值，$k=k+2$，返回（5）。

若 $j=m$ 且行 R_m 中的列全部遍历完成，则此时信息横向提取完成，并且每个单元格的 height 值保存完成，转到（7）；否则，$j=j+1$，返回（4），遍历表格 T_i 的下一行。

（7）重新令 $k=1$（$1\leq k\leq t$），进行表格的纵向提取，转到（8）。

（8）令 $j=1$（$1\leq j\leq m$），若 $j+1<m$ 则判断（$R_{[i,k,j]}\rightarrow$height，$R_{[i,k,j+1]}\rightarrow$height）的奇偶性。

若奇偶性为双偶，则提取"0"；若奇偶性为双奇，则提取"1"。

每提取 1 比特，则 $a=a+'0'|'1'$，a.length=a.length+1，且 $j=j+2$，返回（8）。

若 $k=n$，且 $i<t$，则 $i=i+1$，返回（2），取下一个表格，重复以上步骤。

若 $i=t$，则转到（9）；否则，$k=k+1$，返回（7）。

（9）此时 a.length$=N$，提取完成。

（10）得到隐藏的秘密信息 a。

5.2.4　嵌入容量计算算法

（1）取表格 T_i。

（2）计算 T_i 的行数和列数，分别为 m 和 n。

若满足 $m\geq1$ 且 $n\geq2$ 或 $m\geq2$ 且 $n\geq1$，则表格 T_i 的嵌入容量（单位：位）为

$$C_i = m\times\left\lfloor\frac{n}{2}\right\rfloor + n\times\left\lfloor\frac{m}{2}\right\rfloor \tag{5-1}$$

（3）可嵌入的总容量（单位：位）：

$$C = \sum_{i=1}^{t} C_i \tag{5-2}$$

5.3　隐藏算法的高级语言实现

5.3.1　正则表达式在算法实现中的作用

因为算法要求操作 html 标记，而要匹配的字符串较繁杂，因此需要借助正则表达式来完成。

1. 提取 html 标记中的所有表格标记及属性

C#语言定义：

```
Regex extractHTMLRegex = new Regex ("<(?<outertag>[t,a,b,l,e,r,d]{2,})
(?<attributes>[^>]*)>(?<innerhtml>(<(?<innertag>[t,a,b,l,e,r,d]{2,})[^>]*>.
*?</\\k<innertag>>)*(?=</\\k<outertag>>))?",

RegexOptions.IgnoreCase|
```

```
RegexOptions.Compiled|
RegexOptions.ExplicitCapture|
RegexOptions.Singleline);
```

说明

设置选项 IgnoreCase，表示不关心 html 标记的大小写。另外，只有命名的组才能存储它们的匹配，由于只关注 4 个组的内容，为了便捷和高效，设置了 ExplicitCapture 选项。Singleline 选项允许"."字符匹配新行，因为一个标记的 HTML 可能在多行出现。

上面的正则表达式非常庞大，需要对它进行分解，首先分解出匹配第一个开始标记的正则表达式模式 "<(?<outertag>[t,a,b,l,e,r,d]{2,})(?<attributes>[^>]*)>"。

这个表达式匹配像<tr>和<table width="149">这样的标记。首先，它匹配一个表格标记的 "<" 字符；然后，匹配一个名为 outertag 的组。这个组匹配形如 table、tr 和 td 的标记类型。在此，使用这个组获取最初的结果，然后匹配结束标记类型。接下来是 attributes 组，这个组可以匹配任意表格标记属性，如 width="149"。若把它放在它自己的组中，就很容易在代码中访问匹配的结果。

一些单元素（如<img>标记）只有一个开始标记，所以前面匹配的模式就足够了。但表格的元素有一个结束标记，所以需要模式的其余部分，即 "(?<innerhtml>(<(?<inn-ertag>[t,a,b,l,e,r,d]{2,})[^>]*>.*?</\\k<innertag>>)*(?=</\\k<outertag>>))?"。

外部组即 innerhtml 组，它匹配外部开始标记和最后的结束标记之间的所有内容。所以，如果有下面的 HTML：

```
<tr>
<td width="100"></td>
<td width="100"></td>
</tr>
```

那么，innerhtml 组将匹配如下内容：

```
<td width="100"></td>
<td width="100"></td>
```

2. 提取表格标记中的行列属性值

（1）形如 width="100"，获取值 100。

C#语言定义：

```
Regex arswRegex=new Regex("[w,i,d,t,h,]{5,}=\\\"(?<arts>[0-9]{1,})\"",
RegexOptions.IgnoreCase|
RegexOptions.Compiled|
RegexOptions.Singleline);
```

（2）形如 height="50"，获取值 50。

C#语言定义：

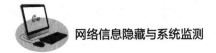

```
Regex arshRegex=new Regex("[h,e,i,g,h,t]{6,}=\\\"(?<arts>[0-9]{1,})\"",
RegexOptions.IgnoreCase|
RegexOptions.Compiled|
RegexOptions.Singleline);
```

（3）形如<td width="100";height="50">，获取值 100 和 50。

C#语言定义：

```
Regex arshtmlRegex=new Regex("<td [w,i,d,t,h,]{5,}=\\\"(?<arts>[0-9]
{1,})\".*? [h,e,i,g,h,t]{6,}=\\\"(?<arts>[0-9]{1,})\".*?>.*?",
RegexOptions.IgnoreCase|
RegexOptions.Compiled|
RegexOptions.Singleline);
```

5.3.2　算法的高级语言实现

利用 C#语言实现了基于表格属性的网页信息隐藏算法，网页数据以 html 文本方式读入，隐藏界面和提取界面如图 5-2、图 5-3 所示。

图 5-2　隐藏界面

如图 5-2、图 5-3 所示，隐藏模块主要通过基于表格属性的隐藏算法，将秘密信息嵌入网页载体文件，然后依据提取模块，将隐藏的秘密信息提取出来，并且能计算嵌入容量。

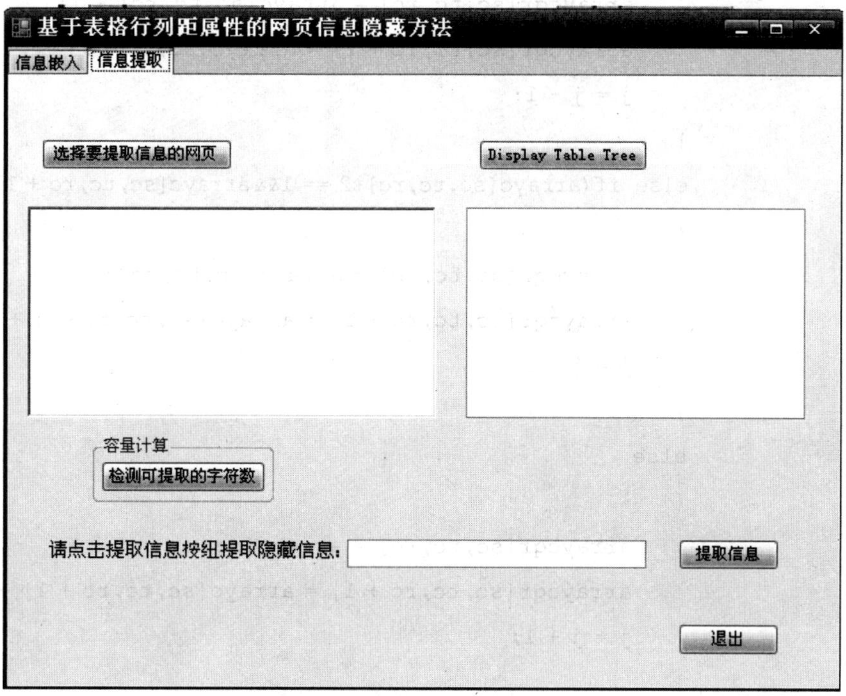

图 5-3　提取界面

进行隐藏的核心代码如下：

```
for(sc = 0;sc<arrayc.GetLength(0); sc ++ )//遍历三维数组
    for(tc = 0;tc<arrayc.GetLength(1);tc ++ )//行
        for(rc = 0;rc<arrayc.GetLength(2)&&rc + 1<arrayc.GetLength(2);
        rc = rc + 2)//列
        {
        if(j<hh.Length)
            {
                if(hh[j] =='1')
                {
                    if(arrayc[sc,tc,rc]%2 ==1&& arrayc[sc,tc,rc+1]%2==1)
                    {
                        arraycqr[sc,tc,rc] = arrayc[sc,tc,rc];
                        arraycqr[sc,tc,rc + 1] = arrayc[sc,tc,rc + 1];
                        j = j + 1;
                    }
                    else if(arrayc[sc,tc,rc]%2==0&& arrayc[sc,tc,rc+1]%2==1)
                    {
```

```
            arraycqr[sc,tc,rc] = arrayc[sc,tc,rc] + 1;
            arraycqr[sc,tc,rc + 1] = arrayc[sc,tc,rc+1];
            j = j + 1;
        }
        else if(arrayc[sc,tc,rc]%2 == 1&&arrayc[sc,tc,rc + 1]%2 == 0)
        {
            arraycqr[sc,tc,rc] = arrayc[sc,tc,rc];
            arraycqr[sc,tc,rc + 1] = arrayc[sc,tc,rc+1] + 1;
            j = j + 1;
        }
        else
        {
            arraycqr[sc,tc,rc] = arrayc[sc,tc,rc] + 1;
            arraycqr[sc,tc,rc + 1] = arrayc[sc,tc,rc + 1] + 1;
            j = j + 1;
        }
    }
    else
    {
        if(arrayc[sc,tc,rc]%2 == 0&&arrayc[sc,tc,rc + 1]%2 == 0)
        {
            arraycqr[sc,tc,rc] = arrayc[sc,tc,rc];
            arraycqr[sc,tc,rc + 1] = arrayc[sc,tc,rc + 1];
            j = j + 1;
        }
    else if(arrayc[sc,tc,rc]%2 == 0&&arrayc[sc,tc,rc + 1]%2 ==1)
    {
        arraycqr[sc,tc,rc] = arrayc[sc,tc,rc];
        arraycqr[sc,tc,rc + 1] = arrayc[sc,tc,rc + 1] + 1;
        j = j + 1;
    }
    else if(arrayc[sc,tc,rc]%2 ==1&&arrayc[sc,tc,rc + 1]%2 == 0)
    {
        arraycqr[sc,tc,rc] = arrayc[sc,tc,rc] + 1;
        arraycqr[sc,tc,rc + 1] = arrayc[sc,tc,rc + 1];
        j = j + 1;
```

```
            }
            else
            {
                arraycqr[sc,tc,rc] = arrayc[sc,tc,rc] + 1;
                arraycqr[sc,tc,rc + 1] = arrayc[sc,tc,rc + 1] + 1;
                j = j + 1;
            }
        }
    }
}
for(sl = 0;sl < arrayl.GetLength(0);sl++)//遍历三维数组
    for(tl = 0;tl < arrayl.GetLength(1);tl++)//列
        for(rl=0;rl<arrayl.GetLength(2)&&rl+1<arrayl.GetLength(2);rl=rl+2)//行
        {
            if(j<hh.Length)
            {
                if(hh[j]=='1')
                {
                    if(arrayl[sl,tl,rl]%2==1&&arrayl[sl,tl,rl+1]%2==1)
                    {
                        arraylqr[sl,tl,rl] = arrayl[sl,tl,rl];
                        arraylqr[sl,tl,rl + 1] = arrayl[sl,tl,rl + 1];
                        j = j + 1;
                    }
                    else if(arrayl[sl,tl,rl]%2==0&&arrayl[sl,tl,rl +1]%2==1)
                    {
                        arraylqr[sl,tl,rl] = arrayl[sl,tl,rl]-1;
                        arraylqr[sl,tl,rl] = arrayl[sl,tl,rl];
                        j = j + 1;
                    }
                    else if(arrayl[sl,tl,rl]%2==1&&arrayl[sl,tl,rl+1]%
                    2==0)
                    {
                        arraylqr[sl,tl,rl] = arrayl[sl,tl,rl];
                        arraylqr[sl,tl,rl + 1] = arrayl[sl,tl,rl + 1]-1;
```

```
            j = j + 1;
        }
        else
        {
            arraylqr[sl,tl,rl] = arrayl[sl,tl,rl]-1;
            arraylqr[sl,tl,rl + 1] = arrayl[sl,tl,rl + 1]-1;
            j = j + 1;
        }
    }
    else
    {
        if(arrayl[sl,tl,rl]%2 == 0 && arrayl[sl,tl,rl + 1]%2 == 0)
        {
        arraylqr[sl,tl,rl] = arrayl[sl,tl,rl];
        arraylqr[sl,tl,rl + 1] = arrayl[sl,tl,rl + 1];
        j = j + 1;
        }
        else if(arrayl[sl,tl,rl]%2 == 0 && arrayl[sl,tl,rl + 1]%2 == 1)
        {
        arraylqr[sl,tl,rl] = arrayl[sl,tl,rl];
        arraylqr[sl,tl,rl + 1] = arrayl[sl,tl,rl + 1]-1;
        j = j + 1;
        }
        else if(arrayl[sl,tl,rl]%2 == 1 && arrayl[sl,tl,rl + 1]%2 == 0)
        {
        arraylqr[sl,tl,rl] = arrayl[sl,tl,rl]-1;
        arraylqr[sl,tl,rl + 1] = arrayl[sl,tl,rl + 1];
        j = j + 1;
        }
        else
        {
        arraylqr[sl,tl,rl] = arrayl[sl,tl,rl]-1;
        arraylqr[sl,tl,rl + 1] = arrayl[sl,tl,rl + 1]-1;
        j = j + 1;
        }
    }
```

```
        }
    }
```

5.3.3　实验与分析

嵌入算法和提取算法用 C#语言实现,选取不同类型的单一表格在单机上进行秘密信息嵌入和提取实验,实验结果如表 5-1 所示。为了确保所有单元格的隐藏具有一致性,当嵌入字符的位数不够嵌入容量时,需要进行补充。补充的比特信息从符号"～"的 ASCII 码(1100111)中自高位向低位选取。

表 5-1　对不同类型的表格进行秘密信息嵌入和提取

表格类型	行列数取值	嵌入容量/位	嵌入字符数	嵌入信息	提取信息	显示结果
行数、列数相等,都为奇数	(9,9)	72	10	"hhhhhhhhhh"与符号"～"的 ASCII 码前 2 位	hhhhhhhhhh	与原始网页在视觉上无差异
行数、列数相等,都为偶数	(4,4)	16	2	"GO"与符号"～"的 ASCII 码前 2 位	GO	与原始网页在视觉上无差异
行数、列数不等,一奇一偶	(20,9)	170	24	"zhangxiaoyanzhangxiaoyan"与符号"～"的 ASCII 码前 2 位	zhangxiaoyanzhangxiaoyan	与原始网页在视觉上无差异
行数、列数不等,都为奇数	(15,13)	181	25	"beijinghuanyingninbeijing"与符号"～"的 ASCII 码前 6 位	beijinghuanyingninbeijing	与原始网页在视觉上无差异
行数、列数不等,都为偶数	(20,10)	200	28	"hhhhhhhhhhhhhhhhhhhhhhhhhhhh"与符号"～"的 ASCII 码前 4 位	hhhhhhhhhhhhhhhhhhhhhhhhhhhh	与原始网页在视觉上无差异

1. 实验结果

如图 5-4 所示为表格的行数、列数都为 4,且嵌入信息为"GO"的网页与原始网页的预览比较,可以得到原始网页与嵌入信息的网页在视觉上无任何差异。

仍以表格行数、列数都为 4,且嵌入信息为"GO"的网页为例,可以得到原始 HTML 文档及提取的表格标记与嵌入信息 HTML 文档及表格标记比较,如图 5-5 所示。

（a）　　　　　　　　　　　　（b）

图 5 – 4　嵌入信息前后的网页预览对比
（a）原始网页；（b）嵌入信息后的网页

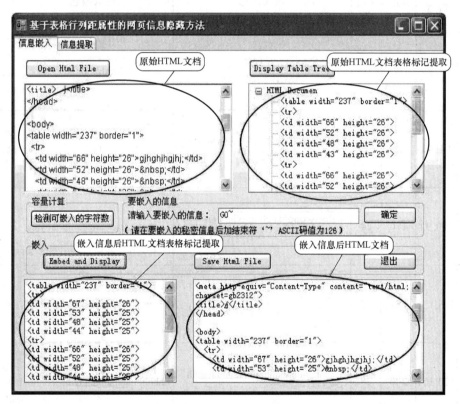

图 5 – 5　原始 HTML 文档及提取的表格标记与嵌入信息 HTML 文档及表格标记比较

2. 实验结果分析

（1）隐藏容量：该算法的隐藏容量取决于表格的个数和每个表格中的行数、列数，表格的行数、列数越多，嵌入的信息量就越大。

（2）隐蔽性及安全性：该算法对于浏览的网页是看不出差异的，因为表格的行距、列距属性值的轻微变化不影响网页的整体布局和外观；对于 HTML 文档，由于该算法变化的只是表格标记中行距、列距属性值，当 width 和 height 属性值加入众多的表格属性值时，人为发现并找到规律是不容易的，而且起始的行距、列距属性值并不知晓。因此，该算法具有较高的隐蔽性和安全性。

5.4　提高表格隐藏容量的方法设计

上述算法的嵌入容量较小，而且只能用于具有单一表格的网页。针对这些问题，本节提出了一种双比特隐藏方法，使容量增大了一倍；同时，提出了适应多个表格结构的隐藏算法[3,4]，能够处理复杂嵌套等表格情况。

5.4.1　原有隐藏方法分析

在 HTML 规范中，<table>、<tr>、<td>这三个标记是定义表格的最重要的标记。它们中有一些参数设置也就是设置单元格的属性。例如，在<td> 的参数设定中，width 表示宽度，height 表示高度。当不同<table></table>中的 width 属性值或百分比相差仅为 1 时，从视觉角度来看没有差异。

单比特的隐藏方法的总体隐藏规则设计：对于表格任意一行的某相邻两列，若其宽度值的奇偶性为双奇，则表示隐藏比特 1；若为双偶，则表示隐藏比特 0；同理，对于表格任意一列的某相邻两行，若其高度值的奇偶性为双奇，则表示隐藏比特 1；若为双偶，则表示隐藏比特 0。

如果不符合以上条件，则必须做如下修改，使奇偶性达到要求：

若待隐藏的比特为 1，但奇偶性为非双奇，则需将其中列宽为偶数值的加 1，变为奇数。

若待隐藏的比特为 0，但奇偶性为非双偶，则需将其中列宽为奇数值的加 1，变为偶数。

同理，考虑表格的某相邻两行，隐藏规则设计如下：

若待隐藏的比特为 1，但奇偶性为非双奇，则需将其中列宽为偶数值的加 1，变为奇数；

若待隐藏的比特为 0，但奇偶性为非双偶，则需将其中列宽为奇数值的加 1，变为偶数。

在以上规则中，每次修改只有 1 个单位的变化，所以对原有表格属性几乎没有影响。

5.4.2　双比特隐藏方法设计

由于奇偶性的状态表现为 4 种——奇奇、奇偶、偶奇和偶偶，而以上规则只使用了其中 2 种，因此还可以采用。进一步形成以下双比特隐藏规则：

（1）偶偶：表示嵌入 00。

（2）偶奇：表示嵌入 01。

（3）奇偶：表示嵌入 10。

（4）奇奇：表示嵌入 11。

于是，每一种状态都能表示双比特，这比原有方法提高了一倍的隐藏容量。

如果不符合以上规则，则必须调整，使奇偶性达到要求。调整算法如表 5−2 所示。

表 5-2　双比特隐藏规则的调整算法

嵌入	偶偶	偶奇	奇偶	奇奇
00	0, 0	0, +1	+1, 0	+1, +1
01	0, +1	0, 0	+1, +1	+1, 0
10	+1, 0	+1, +1	0, 0	0, +1
11	+1, +1	+1, 0	0, +1	0, 0

例如，待嵌入比特为 00 时，如果奇偶性为偶偶，则不必修改；否则，需要将其中的奇数值加 1，使其成为偶数。虽然变化量最大者是对奇奇的调整，有两行（或两列）都需要加 1，但实际上只相当于表格线向右移动了 1 个单位。

5.4.3　表格单元格奇偶性的表示

定义 1　表格：若网页文件中共有 p 个表格，则每个表格用 T_i 表示（$1 \leqslant i \leqslant p$）。

定义 2　表格单元格：若某表格 T_i 共有 m 行 n 列，则 $C_{i,j,k}$ 表示表格 T_i 的第 j 行第 k 列的单元。其中，$1 \leqslant i \leqslant p$，$1 \leqslant j \leqslant m$，$1 \leqslant k+1 \leqslant n$。

定义 3　表格单元格宽度：用 $\mathrm{WC}_{i,j,k}$ 表示单元格 $C_{i,j,k}$ 的宽度。

定义 4　表格单元格高度：用 $\mathrm{HC}_{i,j,k}$ 表示单元格 $C_{i,j,k}$ 的宽度。

定义 5　表格单元格宽度的奇偶性：

$$\mathrm{Rw}_{i,j,k} = \mathrm{WC}_{i,j,k} \bmod 2 = \begin{cases} 1, & 表示奇数 \\ 0, & 表示偶数 \end{cases} \qquad (5-3)$$

定义 6　表格单元格高度的奇偶性：

$$\mathrm{Rh}_{i,j,k} = \mathrm{HC}_{i,j,k} \bmod 2 = \begin{cases} 1, & 表示奇数 \\ 0, & 表示偶数 \end{cases} \qquad (5-4)$$

于是，可以得到表示双比特的四种奇偶性。若两个相邻列单元格分别为 $C_{i,j,k}$ 和 $C_{i,j,k+1}$，则表格单元格宽度的奇偶性表示为它们的宽度之比：

$$(\mathrm{Rw}_{i,j,k}, \mathrm{Rw}_{i,j,k+1}) = \begin{cases} 00 \\ 01 \\ 10 \\ 11 \end{cases} \qquad (5-5)$$

同理，若两个相邻行单元格分别为 $C_{i,j,k}$ 和 $C_{i,j+1,k}$，则表格单元格高度的奇偶性表示为它们的高度之比：

$$(\mathrm{Rh}_{i,j,k}, \mathrm{Rh}_{i,j+1,k}) = \begin{cases} 00 \\ 01 \\ 10 \\ 11 \end{cases} \qquad (5-6)$$

显然，按照双比特隐藏规则可知，这两个奇偶性的结果都正好对应了待隐藏的 4 种双比特数据。

5.4.4　双比特隐藏算法设计

在单比特隐藏算法的基础上，设计双比特的隐藏算法。

输入：网页载体 H；待隐藏的秘密信息为 W，长度为 N。

输出：嵌入信息后的网页 H'。

步骤：

（1）同一表格中，每个<tr></tr>中的<td>的 height 属性值相同。取网页载体 H，找到<tr></tr>中第一个<td>的 height 值，并将该值赋给这一<tr></tr>的其他<td>的 height。

（2）同一表格中，不同<tr></tr>中的<td>的 width 组值相同，且取决于第一个<tr></tr>中<td>的 width 组。找到第一个<tr></tr>中<td>的 width 组值，将这一集合值赋给其他<tr></tr>中<td>的 width 组。

（3）取表格 T_i。

（4）分别计算 T_i 的行数 m 和列数 n。若满足 $m \geq 1$ 且 $n \geq 2$ 或 $m \geq 2$ 且 $n \geq 1$，则转到（5）；否则，$i=i+1$，返回（3），取下一个表格。

（5）按行遍历表格 T_i 的每个单元格，遍历当前行为 R_j。

（6）遍历行 R_j 的当前列为 C_k。

（7）若 $k+1<n$，则从 W 中顺序取出 2 比特。参照式（5-3）计算结果，按照表 5-1 的双比特隐藏规则，调整单元格的宽度并保存。

调整后，令 $N=N-2$，且 $k=k+2$。返回（6）。

若 $j=m$ 且行 R_m 中的列全部遍历完成，此时信息横向嵌入完成，并且每个单元格 height 值保存完成，则转到（8）；否则，$j=j+1$，返回（5），遍历表格 T_i 的下一行。

（8）按列遍历表格 T_i 的每个单元格，遍历当前列为 C_k。

（9）遍历列 C_k 的当前行为 R_j。从 W 中顺序取出 2 个比特。参照式（4）计算结果，按照表 5-1 的双比特隐藏规则，调整单元格的高度并保存。

调整后，令 $N=N-2$，且 $j=j+2$。返回（9）。

若 $k=n$，且 $i<p$，则 $i=i+1$，返回（3），取下一个表格，重复以上步骤。

若 $i=p$，则转到（10）；否则，$k=k+1$，返回（8）。

（10）此时 $N=0$，嵌入完成。

（11）输出 H'。

提取算法与嵌入算法类似，不再赘述。

5.4.5　隐藏容量计算算法

（1）取表格 T_i。

（2）计算 T_i 的行数和列数，分别为 m 和 n。

若满足 $m \geq 1$ 且 $n \geq 2$ 或 $m \geq 2$ 且 $n \geq 1$，则表格 T_i 的隐藏容量（单位：位）为

$$C_i = 2 \times \left(m \times \left\lfloor \frac{n}{2} \right\rfloor + n \times \left\lfloor \frac{m}{2} \right\rfloor \right) \tag{5-7}$$

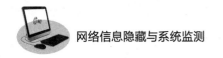

（3）可隐藏的总容量：

$$C = \sum_{i=1}^{t} C_i$$

$(5-8)$

5.5 多表格结构的隐藏方法设计

以下研究多个表格的隐藏方法，包括简单和复杂的组合情况。

5.5.1 平行表和嵌套表的定义

定义 1 平行表：在单个网页中具有同一层次的表格，结构上表现为平行性。平行表相互独立，没有任何关联。但在隐藏处理中，需要掌握各个平行表的进入和退出状态。

定义 2 嵌套表：在单个网页中具有嵌套层次的表格，结构上表现为多个层次的嵌套性。嵌套表具有包含关系，是规则数据的复杂展现方式。在信息隐藏处理中，必须掌握各个嵌套表的进入和退出状态。

可见，网页存在多表结构时，如何标识表格的进入和退出就是一个大难点，需要明确当前所处哪个表，特别是确定从某表格退出之后的所处位置。

5.5.2 多表格结构的隐藏思路

多表格隐藏的流程如图 5-6 所示。

对具体使用的表格结构，采用双比特隐藏方法，分别利用表格行单元格方向的宽度属性和列单元格方向的高度属性进行嵌入处理。

许多网页都存在着各种表格的组合，如图 5-7 所示的例子就是平行表和嵌套表的复杂组合。该结构共有 6 个表格，平行表有 T_1 和 T_2、T_4 和 T_5，嵌套表结构是 T_1 包含 T_2；T_3 包含 T_4、T_5 和 T_6；T_5 包含 T_6。图 5-7 中的箭头线指向了各表的入口顶点。

5.5.3 多表格进出算法设计

本算法需要解决规则表的任意组合，包括平行结构和嵌套结构，甚至多层嵌套结构。

难点是解决表格的进出处理。解决方案如下：

（1）设计 1 个表格状态数组 tMark[]。每当进入表时，设置为 1；每当退出时，设置为 0。这样，在每次循环中，都可以检查出具体表格的使用状态。

（2）设计 1 个表格序号 k，表示当前所处的表格的序号。

（3）用 (T_a, T_b) 表示当前表格的进出次数。其中，T_a 表示多表格结构的进入次数，T_b 表示多表格结构的退出次数。

于是，当前表格的判断规则如下：

（1）每当进入某表格时，$T_a = T_a + 1$，且设置表序号 k 等于已进过表格的总数：$k = T_a$。

（2）每当退出某表格时，需要查找最近使用的表格，其位置必定是 1，说明当前正处于该表格的某单元格中。令 k 等于该表格的序号。

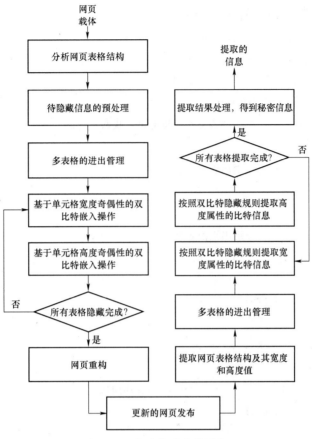

图 5-6　多表格隐藏的流程

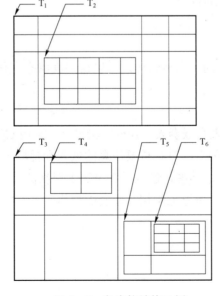

图 5-7　多表格结构示例

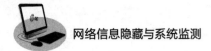
多表格进出管理的过程的代码如下：

```
if(s=="<table>")     //进入表格
{
    Ta=Ta+1;
    k=Ta;          //指向当前表格
    tMark[k-1]=1;    //保持第 k 个表格的进入状态
}
if(s=="</table>")    //退出表格
{
    Tb+=1;
    tMark[k-1]=0;    //退出当前表格
    if((Ta-Tb)>0)    //如果仍在嵌套中
    {
        for(int i=(Ta-1);i>0;i--)
        {
            if(tMark[i-1]==1)
            {
                k=i;            //找到最近使用的表格
                break;
            }
        }
    }
}
else          //若不在表格内
    {k=0;}
}
```

因此，对照图 5–7 所示的多表格结构，可以得到其状态变化路线，如图 5–8 所示。

5.5.4　实验与分析

基于规则的单表、平行表和嵌套表，开展实验设计。采用 C#语言编写程序，通过任意构造的综合性的多表格结构网页，进行重要信息的嵌入和提取。

原始网页如图 5–9 所示，其中，包含了 2 个第 1 层次的平行表、2 个第 2 层次的平行表。图中上方是 2 个嵌套表，下方也是相互嵌套的表格。

(0, 0)

$k=0$, tMark[0]=0

(1, 0)

$k=1$, tMark[0]=1

(2, 0)

$k=2$, tMark[1]=1

(2, 1)

$k=1$, tMark[1]=0

(2, 2)

$k=0$, tMark[0]=0

(3, 2)

$k=3$, tMark[2]=1

(4, 2)

$k=4$, tMark[3]=1

(4, 3)

$k=3$, tMark[3]=0

(5, 3)

$k=5$, tMark[4]=1

(6, 3)

$k=6$, tMark[5]=1

(6, 4)

$k=5$, tMark[5]=0

(6, 5)

$k=3$, tMark[4]=0

(6, 6)

$k=0$, tMark[2]=0

图 5−8 多表格结构的状态变化路线

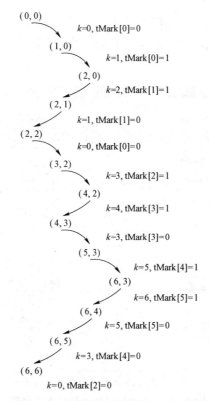

图 5−9 原始网页

多表格结构的信息嵌入界面和提取界面分别如图 5−10 和图 5−11 所示，表明其隐藏容量为 82 位。待隐藏信息为字符串"zhangxiaoming"。由于每个字符占用 7 位 ASCII 码，则该字符串需要 13×7=91 位，因此实际有 9 位没有嵌入，即最后两个字符"ng"未嵌入。

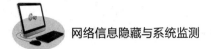

图 5-11 所示为提取效果，与实际嵌入的字符串完全相同。

经过隐藏后的网页仍然表现出图 5-9 所示的效果，两者看不出任何差别。

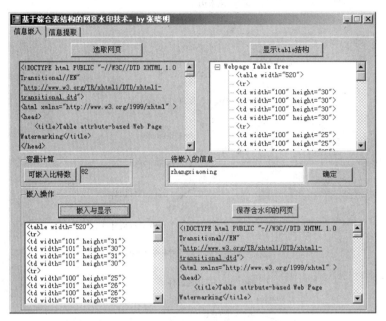

图 5-10　多表格结构的信息嵌入界面

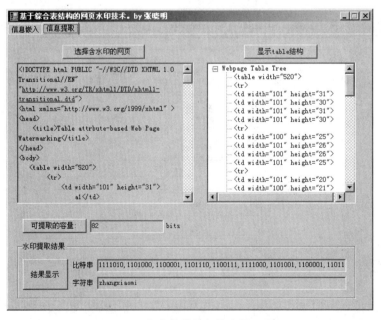

图 5-11　多表格结构的信息提取界面

5.6　小结

本章主要阐述了基于表格属性的两种网页信息隐藏算法。首先，分析了表格单元格行列距属性特征；然后，依据隐藏原理设计了基于单一表格的网页信息隐藏算法，并用高级语言实现。本章提出的算法利用表格的特征，通过表格相邻两列或两行 width、height 值的奇偶性来隐藏信息，该算法的隐藏量取决于网页中的单一表格数和每个单一表格中的行数、列数。实验结果表明，该算法没有改变文件的大小，嵌入信息后的网页与原始网页在视觉上无差异，可以应用于网页保护和隐秘通信。

本章进一步设计了基于复杂表格的信息隐藏算法，其贡献主要有以下几方面：

（1）基于网页表格属性，提出了双比特的隐藏规则和算法实现，使嵌入容量增大了一倍。

（2）提出了多表格进出管理方法，解决了多个表格结构的网页信息隐藏困难，能够适应各种表格的组合和嵌套情况，使算法具有很好的实用性。

（3）提出的算法也可以用于具有单一表格的网页，适应面广。

参考文献

[1] 张晓彦，张晓明. 一种基于表格属性的网页信息隐藏算法 [J]. 北京石油化工学院学报，2009，17（1）：43−47.

[2] 张晓彦. 网页信息隐藏算法研究及应用 [D]. 北京：北京化工大学，2010.

[3] Xiaoming Zhang, Caiyun Qin, Guoqing Zhao. Design of Information Hiding Algorithm for Complicated Webpage Tables [C]. The 2011 IEEE International Conference on Intelligent Computing and Integrated Systems（ICISS2011）.

[4] 秦彩云，张晓明，赵国庆. 复杂网页表格的信息隐藏算法设计 [J]. 微电子学与计算机，2011，28（8）：132−135.

第6章 基于不可见字符的网页信息隐藏算法设计

通过浏览器，用户可以方便地浏览网页。网页的便利性及其使用的广泛性，为隐秘通信技术提供了很好的发展空间。本章针对现有的网页信息隐藏算法存在隐蔽性差、嵌入容量小等缺点[1~4]，从不可见字符和注释语句两个方面研究了基于网页的信息隐藏算法。研究结果对隐秘通信具有一定的理论意义和实用价值。

6.1 概述

本章将提出一种基于特殊字符的隐藏方法，通过字符拆分和组合的设计，巧妙地将常见字符隐藏到标签结束标记中，不但能增大隐藏容量，而且有较好的实用性。

6.1.1 ASCII 字符分析

标准 ASCII 码又称为基础 ASCII 码，是指用 7 位二进制数来表示所有大写字母 A～Z 和小写字母 a～z、标点符号、数字 0～9，以及在美式英语中所使用的特殊控制符，详见表 6−1。

定义 1 不可见字符（Invisible Character，IC）：指在网页脚本中存在但网页浏览时不会显示的字符。对照表 6−1，其中 0～31 及 127（共 33 个）是控制字符或通信专用字符，这些 ASCII 码表示的字符在网页浏览时是不显示的，称之为不可见字符。比如控制符：LF（换行）、CR（回车）、FF（换页）、DEL（删除）、BS（退格）、BEL（振铃）等；通信专用字符：SOH（文头）、EOT（文尾）、ACK（确认）等；ASCII 值为 8、9、10 和 13 分别转换为退格、制表、换行和回车字符。它们并没有特定的图形显示，但会依不同的应用程序，对文本显示有不同的影响。

在 ASCII 码表中，32～126（共 95 个）是字符（32 是空格），其中 48～57 为 0～9 共 10 个阿拉伯数字；65～90 为 26 个大写英文字母；97～122 为 26 个小写英文字母；其余为一些标点符号、运算符号等。

可见，在 ASCII 码表中，总体上有 33 个不可见字符，其集合 S_p 表示如下：

$$S_p = \left\{ s_i \middle| i = 0, 1, 2, \cdots, 32 \right\} \tag{6−1}$$

显然，如果其他中英文字符能够转换成不可见字符，则任意保密信息都能隐藏到网页中。

表 6－1　ASCII 字符代码表

高四位 / 低四位		ASCII 非打印控制字符										ASCII 打印字符												
		0000					0001					0010		0011		0100		0101		0110		0111		
		0					1					2		3		4		5		6		7		
		十进制	字符	Ctrl	代码	字符解释	十进制	字符	Ctrl	代码	字符解释	十进制	字符	十进制	字符	十进制	字符	十进制	字符	十进制	字符	十进制	字符	Ctrl
0000	0	0	BLANK NULL	^@	NUL	空	16	►	^P	DLE	数据链路转意	32		43	0	64	@	80	P	96	'	112	p	
0001	1	1	☺	^A	SOH	头标开始	17	◄	^Q	DC1	设备控制 1	33	!	49	1	65	A	81	Q	97	a	113	q	
0010	2	2	☻	^B	STX	正文开始	18	↕	^R	DC2	设备控制 2	34	"	50	2	66	B	82	R	98	b	114	r	
0011	3	3	♥	^C	ETX	正文结束	19	‼	^S	DC3	设备控制 3	35	#	51	3	67	C	83	S	99	c	115	s	
0100	4	4	♦	^D	BOT	传输结束	20	¶	^T	DC4	设备控制 4	36	$	52	4	68	D	84	T	100	d	116	t	
0101	5	5	♣	^E	ENQ	查询	21	∮	^U	NAK	反确认	37	%	53	5	69	E	85	U	101	e	117	u	
0110	6	6	♠	^F	ACK	确认	22	■	^V	SYN	同步空闲	38	&	54	6	70	F	86	V	102	f	118	v	
0111	7	7	●	^G	BEL	震铃	23	↨	^W	ETB	传输块结束	39	'	55	7	71	G	87	W	103	g	119	w	
1000	8	8	◘	^H	BS	退格	24	↑	^X	CAN	取消	40	(	56	8	72	H	88	X	104	h	120	x	
1001	9	9	○	^I	TAB	水平制表符	25	↓	^Y	EN	媒体结束	41	)	57	9	73	I	89	Y	105	i	121	y	
1010	A	10	◙	^J	LF	换行/新行	26	→	^Z	SUB	替换	42	*	58	:	74	J	90	Z	106	j	122	z	
1011	B	11	♂	^K	VT	竖直制表符	27	←	^[	ESC	转意	43	+	59	;	75	K	91	[	107	k	123	{	
1100	C	12	♀	^L	FF	换页/新页	28	∟	^\	FS	文件分隔符	44	,	60	<	76	L	92	\	108	l	124	|	
1101	D	13	♪	^M	CR	回车	29	↔	^]	GS	组分隔符	45	−	61	=	77	M	93	]	109	m	125	}	
1110	E	14	♬	^N	SO	移出	30	▲	^6	RS	记录分隔符	46	.	62	>	78	N	94	^	110	n	126	~	
1111	F	15	☼	^0	SI	移入	31	▼	^−	US	单元分隔符	47	/	63	?	79	O	95	_	111	o	127	≥	^Back space

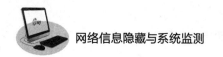

6.1.2　HTML 标签结束标记的特点

网页的标签都有结束标记，标签的写法及其显示效果并不完全相同。虽然能将空格插入结束标签，但是网页并不显示该空格，这就构成了隐藏的思路。例如，以下空格的插入方法，就可以保持网页的正常显示状态：

无空格的正常状态：</html>；

插入空格状态：</html>，或</html>，或</html>。

插入空格位置是在上述"</"之后和">"之前。显然，空格的有无可以表示为 1 和 0 两种状态，从而实现信息的隐藏功能，这是典型的空格隐藏方法。

可见，如果在网页标签的结束标记处插入其他不可见字符，仍然能够达到隐藏效果。

6.2　基于不可见字符的信息隐藏算法

为了适应服务器端网页信息隐藏的需要，这里采用标签隐藏法。首先，分析网页标签特点；然后，阐述 ASCII 字符表中的特殊字符。

6.2.1　基本模型设计

如表 6-1 所示的基本 ASCII 码表，常用字符是 26 个字母的大小写、10 个数字等，从 ASCII 码值来看，特殊字符的 ASCII 码值都比较小，不超过 32，而日常使用的英文字符一般排在 ASCII 码表的后面，其 ASCII 码值都比较大，如数字 0 的 ASCII 码为 48，而小写字母 z 的 ASCII 码为 122。因此，为了能够使用特殊字符来表示常见字符，就必须将待隐藏字符的 ASCII 码值进行分拆处理，即将一个大的值分解为多个小的数值。而且，为了使分解尽量简单并保证更高的隐藏容量，应该只分解为两部分，即一个大的 ASCII 码分解为两个小的特殊字符的 ASCII 码。

定义 2　转换阈值：为了减少字符转换之间的差距，需要定义一个转换阈值。假设 X 是待隐藏字符 S 的 ASCII 码，W 是转换阈值，Y 是转换后的 ASCII 码，则转换关系表示为

$$Y = X - W \tag{6-2}$$

假设将 Y 分解为任意两个特殊字符 Y_1 和 Y_2，满足条件如下：

$$Y = Y_1 + Y_2 \tag{6-3}$$

这样，字符 S 最终通过数值 W 以及 ASCII 码分别为 Y_1 和 Y_2 的特殊字符来隐藏。

考虑到要嵌入的秘密信息由字符 A~Z、a~z、0~9 和空格组成，经分析各个字符的 ASCII 码值得出转换表，如表 6-2 所示[5]。

表 6-2　字符转换表

字符	$X = \{x_i\}$	W	$Y = \{y_i\}$
a~z	97~122	60	37~62
A~Z	65~90	60	5~30

续表

字符	$X=\{x_i\}$	W	$Y=\{y_i\}$
0~3	48~51	47	1~4
4~9	52~57	21	31~36

其中，

$$W = \begin{cases} 60, & 65 \leqslant x_i \leqslant 127 \\ 47, & 48 \leqslant x_i \leqslant 51 \\ 21, & 52 \leqslant x_i \leqslant 57 \end{cases} \qquad (6-4)$$

再把 Y 拆分成两个随机数 y_1 和 y_2，其中都属于 S_p，并且满足式（6-3）：

$$Y = y_1 + y_2 \qquad (6-5)$$

例如，字符"a"的 ASCII 值为 $x=97$，$65 \leqslant x \leqslant 127$，根据式（6-2）可知，此时选择 $W=60$，得到 $Y = 97 - 60 = 37$，假设随机得到了 $y_1 = 12$ 对应的 ASCII 码值为 ♀，$y_2 = 25$ ASCII 码值为 ↓，此时字符"a"就会用<♀标签↓>的形式嵌入 HTML 文件。

隐藏模型如图 6-1 所示。

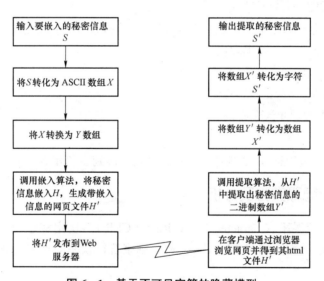

图 6-1　基于不可见字符的隐藏模型

6.2.2　嵌入算法设计

输入：原始 Html 文件 P_1，待隐藏信息 $S = s_1 s_2 \cdots s_m$。

输出：嵌入隐藏信息后的 Html 文件 P_2。

步骤：

（1）将要隐藏的秘密信息 S 转换 ASCII 码 X，$X = x_1 x_2 \cdots x_m$。

（2）将 X 转换为 Y，$Y = \{y_i \mid i = 0,1,2,\cdots,m-1\}$。

（3）$i=0$。

（4）从 Y 中读取一个码值 y_i。

（5）从 P_1 中读取一行，判断是否存在结束标签。如果存在，就执行（6）；否则，转到（5）。

（6）将 y_i 拆分成 y_{i1} 和 y_{i2}，其中 y_{i1} 和 y_{i2} 均属于 S_p，且 $y_i = y_{i1} + y_{i2}$。

（7）将结束标签</T>修改为$</\, y_{i1} \, T \, y_{i2} >$，其中 T 为 HTML 语言中的一种标签。

（8）$i=i+1$。若 $i<m$，就转到（1）；否则，转到（9）。

（9）获得新的网页文件 P_2。

（10）待隐藏信息的 X 结束，嵌入完成。

6.2.3　提取算法设计

输入：嵌入隐藏信息后的网页文件 P_2。

输出：隐藏的秘密信息 S。

步骤：

（1）$i=0$。

（2）从 P_2 中读取一行。

（3）判断是否存在符合条件的标签。若存在，就执行（4）；否则，执行（2）。

（4）从标签$</\, y'_{i1} \, T \, y'_{i2} >$中提取出 y'_{i1} 和 y'_{i2}。

（5）由 y'_{i1} 和 y'_{i2} 得到 y_i，其中 $y'_i = y'_{i1} + y'_{i2}$。

（6）由 y'_i 得到 x'_i。

（7）由 x_i 得到对应的字符 s'_i。

（8）$i=i+1$。

（9）如果 P_2 未读取完毕，就跳转到（2）；否则，得到字符串 S，即要提取的隐藏信息。

6.2.4　网页信息隐藏实验及分析

定义 3　字符错误率 Character Error Rate（CER）：设定秘密信息 S 的 ASCII 码 $X = x_1 x_2 \cdots x_m$ 和提取的秘密信息 $X' = x'_1 x'_2 \cdots x'_m$，则字符错误率的计算公式为

$$CER = \frac{\sum\limits_{i=1}^{m} |x_i - x_i|}{\sum\limits_{i=1}^{m} |x_i|} \times 100\% \qquad (6-6)$$

用 C#语言在 ASP.NET 中实现网页的信息嵌入与提取，并在一些知名网站中做了测试。计算机配置为 Pentium(R)4，CPU 3.00 GHz，1 GB 内存，实现界面如图 6-2 所示。

选择一些经典网站的 HTML 网页文件做测试，嵌入秘密信息后，原始网页与嵌入秘密信息后的网页从视觉效果上无差异，且秘密信息都能够完整提取。试验结果如表 6-3 所示。

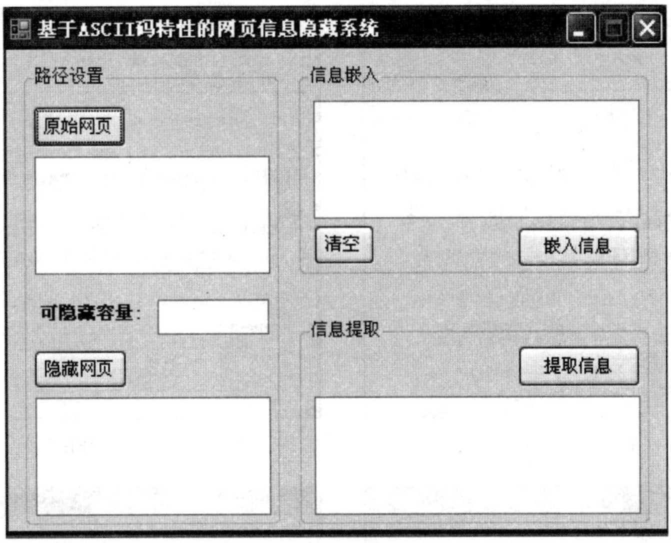

图6-2　程序实现界面

表6-3　网页信息隐藏测试结果

网页	原始大小/KB	隐藏后大小/KB	嵌入容量/位	CER
www.163.com	352	303	1 290	0
www.sohu.com	274	269	453	0
www.bipt.edu.cn	22	18	199	0
www.w3.org/Protocols/	24	23	172	0
www.w3.org	29	28	116	0
www.tianwang.com	9	—	25	—
www.sogou.com	5	—	0	—
www.baidu.com	7	—	0	—

例如，当要隐藏的秘密信息为"W3C Leads Discussion at TypeCon 2010 on New Open Web Font Format"时，秘密信息共64个字符，根据算法只需要64个结束标记位就可以了。我们实验选用www.w3.org/Protocols/的首页作为载体，其嵌入容量为172个字符。隐藏信息前后的浏览效果如图6-3所示。

从实验结果中可以看出，秘密信息嵌入后，网页的浏览效果与原始网页无差异，且能够正确提取所嵌入的信息，说明该算法具有很好的隐蔽性和安全性。而与传统的基于不可见字符的信息隐藏算法相比，该算法的隐藏容量是传统算法的3.5倍，隐藏容量得到了很大的提高。

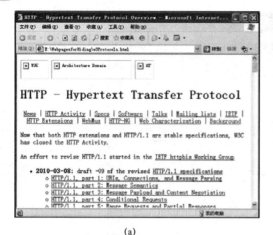
(a)

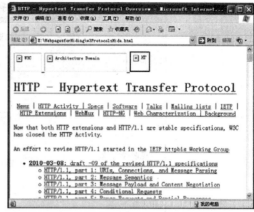
(b)

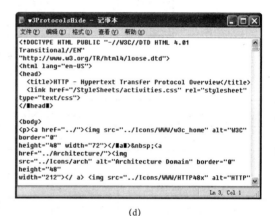
(c)   (d)

图 6-3　隐藏信息前后的网页浏览图与源码比较

（a）原始网页浏览效果图；（b）隐藏信息后浏览效果图；（c）原始网页源码；（d）隐藏后的网页源码

6.3　基于 5 比特分组模型的网页信息隐藏算法

从表 6-1 可以看出，ASCII 码值从 0～32 的不可见字符，只占有一个 8 位数据的低 5 位，高 3 位都是比特 0。因此，如果能够将待隐藏信息的比特串按 5 个比特一组进行拆分，则可以达到隐藏效果[6]。

6.3.1　比特分组隐藏模型设计

5 比特分组的隐藏模型设计示例如图 6-4 所示。示例中，某个分组包含 5 个比特（10110），在其左侧插入 3 个比特 0 后，得到一个 8 位数据 00010110，其 ASCII 码值为 22，属于不可见字符，能够隐藏到网页中，实现了一次隐藏 5 个比特信息的效果，能够大大

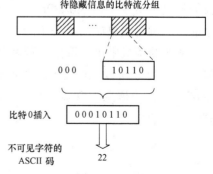

图 6-4　5 比特分组的隐藏模型设计示例

提高隐藏效率。

为了增强网络传输的可靠性，需要在嵌入之前对秘密信息进行预处理。这里采用了置乱技术来调整秘密信息的内容顺序。置乱方法：假定秘密数据是 $A[0,1,\cdots,M-1]$，且 P 和 M 为互质数。B 等同于 A 的临时数组，用于存储操作结果。具体置乱步骤如下：

（1）前向变换：

$$\begin{cases} B(i) = A((i \times P) \bmod M), & i = 0,1,\cdots,M-1 \\ A = B \end{cases} \tag{6-7}$$

（2）逆向变换：

$$\begin{cases} B((i \times P) \bmod M) = A(i), & i = 0,1,\cdots,M-1 \\ A = B \end{cases} \tag{6-8}$$

6.3.2　隐藏容量计算

假设待隐藏数据长度为 N_s，网页隐藏行数为 N_p，则生成的不可见字符 IC 的总数 N_c 可以表示为

$$N_c = \frac{N_s \times 8 + m}{5}, \ 0 \leqslant m < 5 \tag{6-9}$$

式中，m——比特 0 的数量，用于补齐待隐藏信息的比特数量，确保其为 5 的倍数。

每个网页的结束标记能隐藏两个 IC，且网页每行至少包含一个结束标记。因此，网页中所需的隐藏行数 N_h 表示为

$$N_h \leqslant \frac{1}{2} N_c \tag{6-10}$$

一旦是 5 的倍数，则 m 为 0。从而得到最少的隐藏行数据为

$$N_h \leqslant \frac{4}{5} N_s \tag{6-11}$$

可见，本算法的网页隐藏容量将是常规比特插入方法的 5 倍。

进一步，由式（6-9）和式（6-10）可得

$$N_h = \frac{N_s \times 8 + m}{10}, \ 0 \leqslant m < 5 \tag{6-12}$$

另一方面，按照比特插入法，每个网页行的结束标记中能够隐藏 2 个比特。由于每个字符占 8 位长度，因此对于同样的隐藏数据，比特插入法所需要的隐藏行数是：

$$N_{bit} = \frac{N_s \times 8}{2} = 4N_s \tag{6-13}$$

为了比较这两种网页信息隐藏方法的隐藏容量，下面给出一个新定义。

定义 4　隐藏容量比：比特插入法和分组隐藏法各自所需网页的行数之比，表示为

$$R_h = \frac{N_{bit}}{N_h} = \frac{40 N_s}{8 N_s + m} \tag{6-14}$$

当隐藏数据比较大时，式中的 m 值可以忽略不计。此时结果简写为

$$R_h = 5 \qquad (6-15)$$

而且，隐藏字符数和网页隐藏行数之间的关系可以表达为

$$N_s = 1.25N_h \qquad (6-16)$$

可见，本分组隐藏算法显著地增大了隐藏容量，几乎是比特插入法的 5 倍。

6.3.3　分组隐藏算法设计

1. 分组构造算法

功能：将输入比特流按分组模型转换成不可见字符 IC。

输入：待隐藏信息的比特流 H_b，长度为 N_s。

输出：字节类型的 IC 数组 DataArray[ ]。

步骤：

（1）将 H_b 分解为 5 比特分组的数组 DataArray，长度为 N_c。如果 N_s 不是 5 的倍数，则补齐比特 0。

（2）插入 3 个比特 0 到每个数组 DataArray[i] 的高位中，i=1, 2, …, N_c。

（3）在所有的 DataArray 中，按字节类型重构成 8 位数据。

2. 分组信息嵌入算法设计

分组信息嵌入流程如图 6-5 所示。

在本流程中，一个重要的过程是提取网页结束标记数据 T_1，以便将两个不可见字符 IC[0] 和 IC[1] 插入其两侧。重组后，结束标记数据 T_2 调整为 IC[0]×T_1×IC[1]。尽管该结束标记有了明显变化，但在网页浏览时，原始网页和调整后的网页没有差异。

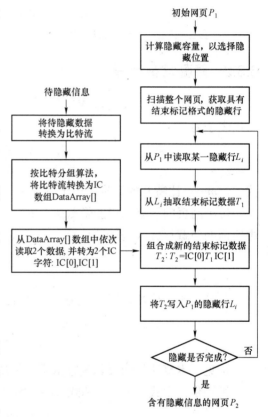

图 6-5　分组信息嵌入流程

按照该流程图，嵌入算法描述如下：

嵌入算法功能：将隐藏数据嵌入初始网页 P_1，并生成新网页 P_2。

输入：长度为 m 的隐藏数据 D_h，具有隐藏行数为 n（$m<n$）的初始网页 P_1。

输出：含有隐藏信息的新网页 P_2。

嵌入步骤：

（1）将 D_h 转换为比特流 H_b。

（2）按照比特插入算法，获得 IC 数组 DataArray。

（3）输入 P_1，计算得到隐藏容量及其隐藏位置方案。

（4）按照结束标记格式，搜索所有的隐藏行 L_i，$i=0, 1, \cdots, n$。

（5）$i=0$。

（6）从 P_1 中读取一个隐藏行 L_i。

（7）从数组 DataArray 读取两个 IC 数据，并转换为两个 IC 字符。

（8）更新行 L_i 的结束标记</T_i>为</IC[0]×T_i×IC[1]>。这里，T_i 是一种 HTML 格式的字符串。

（9）$i=i+1$。

（10）若 $i \leqslant m$，转至（6）。否则，下一步。

（11）形成新网页 P_2。

3. 分组信息提取算法设计

分组信息提取流程如图 6-6 所示。

信息抽取算法：从指定网页中提取隐藏数据并形成比特流。

输入：包含秘密信息的浏览网页 P3。

输出：隐藏数组 D_x。

抽取步骤：

（1）读取 P_3 所有的隐藏行。

（2）$i=0$。

（3）依次读取隐藏行 L_i。

（4）从行 L_i 的结束标记 T_i 中抽取出 2 个 IC 字符 IC[0] 和 IC[1]。

（5）从以上两个 IC 数据中分别抽取出低 5 位，表示为 S_{1i} 和 S_{2i}。

（6）将 S_{1i} 和 S_{2i} 合并为一个比特流 S_i。

（7）若未达网页结束行，则 $i=i+1$，且转至（3）；否则，下一步。

（8）合并所有的比特串，成为 $S_a=\sum S_i$，$i=0, 1, \cdots, n$。

（9）将 S_a 转换为 8 位数组 D_x。

（10）输出 D_x。

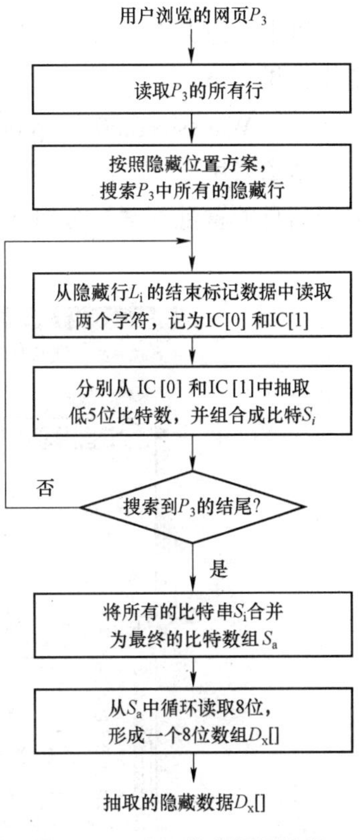

图 6-6　分组信息提取流程

6.3.4　算法的实验分析

本章选择了部分典型的网站主页作为算法测试用。通过网络浏览后，保存为本地文件，如表 6-4 所示。

可见，有两个搜索网站无法实现隐藏效果。

待隐藏信息选自官网 www.w3.org 的一个信息标题，内容如下：

W3C Leads Discussion at TypeCon 2010 on New Open Web Font Format

表6-4 测试网页选择

网站主页	文件大小/KB	N_h	N_s
www.163.com	365	1 290	1 612
www.sohu.com	181	453	566
www.bipt.edu.cn	22	199	248
www.w3.org/Protocols/	24	172	215
www.w3.org	29	116	145
www.tianwang.com	9	25	31
www.sogou.com	5	0	0
www.baidu.com	5	0	0

以上信息共有 64 个字符，首先要做置乱处理。按照式（6-7），设置参数 $M=64$，$P=3$。变换结果如下：

  W a ssoaTen0 wp bo rtCesiui po20neOneFtoa3LdDcsntyC 1oN eW nFm

本章采用 C#语言开发了一个网页信息隐藏软件，其功能包括网页选择、隐藏容量计算、秘密信息的置乱处理、分组 5 比特技术、信息嵌入和提取处理，如图6-7所示。

图6-7 分组网页隐藏软件主界面

图中，所选网页为网站 www.w3.org/Protocols 的默认主页，并详细显示了经过 5 比特分组处理前后的内容和不可见字符。

网页隐藏前后的文件对比和提取效果如表6-5所示，字符错误率（CER）均为 0，可见，提取成功率为 100%。

表 6-5　采用 5 比特分组方法的网页隐藏效果

测试网页	初始网页文件大小/KB	隐藏信息后的网页文件大小/KB	CER
www.163.com	365	303	0
www.sohu.com	181	171	0
www.bipt.edu.cn	22	18	0
www.w3.org/Protocols/	24	23	0
www.w3.org	29	28	0

同时，隐藏前后的网页浏览效果如图 6-8 所示，其源代码对比如图 6-9 所示。

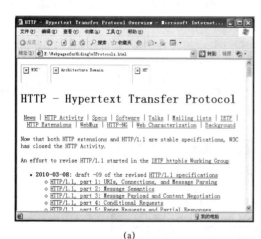
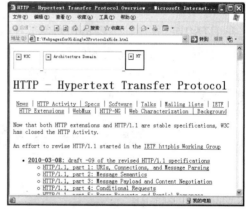

(a)　　　　　　　　　　　　　　　　(b)

图 6-8　网页信息隐藏前后的浏览效果对比

（a）网页信息隐藏前的浏览界面；（b）网页信息隐藏后的浏览界面

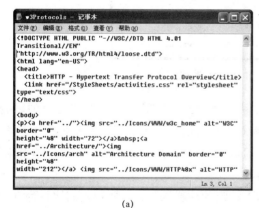

(a)　　　　　　　　　　　　　　　　(b)

图 6-9　网页信息隐藏前后的源代码对比

（a）网页信息隐藏前的源代码；（b）网页信息隐藏后的源代码

从源代码细节可以看出，有些网页行的结束标记处包含了不可见字符。由于算法的有效性，网页浏览效果未受任何影响。而且，由于隐藏容量减少为比特插入法的 20%，需要隐藏的网页行数减少了 4 倍，因此显著增强了信息隐藏的鲁棒性。

6.4 基于注释语句的网页信息隐藏算法

6.4.1 信息隐藏原理及模型

基于注释语句的信息隐藏算法模型的核心思想：将秘密信息以注释语句的方式隐藏到网页文件中。注释语句一般是开发人员用于解释某段代码功能的语句，便于开发人员阅读代码，而注释语句的有无并不影响程序的运行效果。在 HTML 文档中，注释语句的有无同样不影响原有网页的显示效果。本节正是依据注释语句的这一特点，跳出利用标记对进行信息隐藏的思路，通过向网页文件中添加注释语句来达到隐藏信息，进而达到隐秘通信的目的。

在 HTML 文件中，注释语句通常放在<div>、<table>等起始标签的前面，用来说明某一模块的功能，起到解释说明的作用，而在网页浏览时却显现不出来。如图 6−10 所示，搜狐网站首页的源码中，"<!−− 主导航 −−>"放在"<div>"前面，用于说明以下 div 中代码的作用是实现主导航，而网页浏览时并没有显示出"主导航"等字样。

图 6−10 搜狐网 HTML 源码

通过对 HTML 文件的分析，注释语句的添加与修改，对网页的浏览效果无任何影响。本节正是基于注释语句的不可见性，根据要嵌入的秘密信息的比特值，判断是否在起始标签前插入特定注释语句（所谓的特定注释语句是用于区分原文中的注释语句，本节采用"<!−−秘密−−>"作为特定的注释语句），以达到隐藏信息的效果。

若要嵌入的比特为 1，则在起始标签前插入特定的注释语句；若要嵌入的比特为 0，则不插入特定注释语句。对于原网页文件中的注释语句予以保留，原网页文件注释语句下面一个起始标签不做任何嵌入操作。提取算法中根据起始标签前一句是否为特定注释语句来判定嵌入的是 1 还是 0。

图 6−11 展示了基于注释语句的隐藏模型[7]。首先，读取载体网页文件 H，计算该网页的嵌入容量，再通过系统界面将秘密信息 S 录入，系统将秘密信息 S 转化为二进制数组

X；然后，调用嵌入算法，将二进制数组 X 嵌入网页文件，并保存为 H'，并将嵌入秘密信息后的 H'发布到网络服务器中。在客户端，通过浏览器可以浏览网页并得到网页文件 H'，并调用提取算法得到秘密信息 S'。

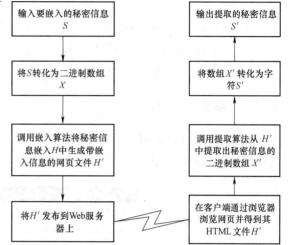

图 6-11　基于注释语句的隐藏模型

6.4.2　嵌入算法

输入：网页载体 H,待隐藏的秘密信息 S。

输出：嵌入信息后的网页 H'。

步骤：

（1）取网页载体 H，统计网页的嵌入容量 C。

（2）将要嵌入的秘密信息 S 转化成二进制数 X（ $X = x_1 x_2 \cdots x_m$），S 的长度应小于嵌入容量 C。

（3）$i=1$。

（4）从 X 中取一个比特 x_i。

（5）从 H 页中读取一行，判断是否是注释语句。若是，则将数据行写入 H'，再从 H 页中读取一行并写入 H'，再执行（5）；否则，转到（6）。

（6）判断是否是起始标志位。若是，就转到（7）；否则，转到（10）。

（7）判断 x_i 是 0 还是 1。若 x_i =0，就转到（9）；若 x_i =1，就转到（8）。

（8）将注释语句写入 H'。

（9）$i = i+1$。

（10）读到的数据行写入 H'。

（11）若 $i \leqslant m$，就转到（4）；否则，转到（12）。

（12）待隐藏信息的 X 结束，嵌入完成，获得新的网页文件 H'。

6.4.3　提取算法

输入：待提取的网页 H'。

输出：隐藏的秘密信息 S'。

步骤：

（1）提取嵌入的秘密信息的长度 L。

（2）建立一个长度为 L 的数组 $X'[L]$，用于存储二进制秘密信息。

（3）$i=1$。

（4）从 H' 中读取一行，判断是否是注释语句。若是，就执行（5）；否则，执行（6）。

（5）判断是否是特定的注释语句。若是，则 $X'[i]=1$，$i = i+1$；否则，从 H' 中读取下一行，跳转到（7）。

（6）判断该行是否是起始标签。若是，则 $X'[i]=0$，$i = i+1$；否则，从 H' 中读取下一行。

（7）若 $i \leqslant L$，就转到（4）；否则，转到（8）。

（8）$X'[L]$ 提取完毕，将 $X'[L]$ 转化成字符秘密信息 S'。

（9）得到隐藏的秘密信息 S'。

6.4.4　实验及分析

在 Visual Studio.NET 2005 环境下用 C#语言实现基于注释语句的信息隐藏算法，计算机配置为 Pentium（R）4 CPU 3.00 GHz，1 MB 内存。实现的系统界面如图 6－12 所示。

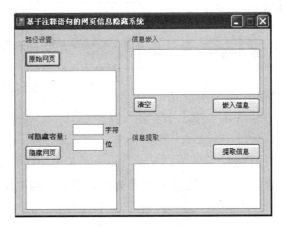

图 6－12　系统界面

以网站 www.sina.com 的首页为例，经计算可知，该网站首页最多能嵌入 89 位，即可以在该网页中嵌入小于等于 11 个字符的秘密信息。实验中选用"www.163.com"作为秘密信息隐藏到新浪网站的首页中，该秘密信息共 11 个字符占 88 位，符合嵌入条件，嵌入信息后保存为 hide1_sina.htm。其嵌入和提取如图 6－13 所示，可见，嵌入信息与提取的信息无差异，提取效果良好。原始网页与嵌入信息的网页预览效果在视觉上无差异，如图 6－14 中（a）、（b）所示。

注释语句对网页的显示无任何影响，可在网页中随意添加或删除注释语句，所以用注释语句算法嵌入秘密信息后，与原始网页对比，浏览效果无任何差别。由此，可以得出浏览者对嵌入信息不可感知。

嵌入容量为匹配正确的起始标签的个数 N 与网页文件中原有的注释语句的个数 K 之差，即嵌入容量（单位：位）的计算公式为

$$C = N - K \tag{6-17}$$

设定秘密信息 S 的二进制码 $X = x_1 x_2 \cdots x_i \cdots x_m$ 和提取的秘密信息 $X' = x_1' x_2' \cdots x_i' \cdots x_m'$，位错误率（BER）的计算公式为

$$\mathrm{BER} = \frac{\sum_{i=1}^{m} |x_i' - x_i|}{\sum_{i=1}^{m} |x_i|} \times 100\% \tag{6-18}$$

图 6-13　嵌入和提取

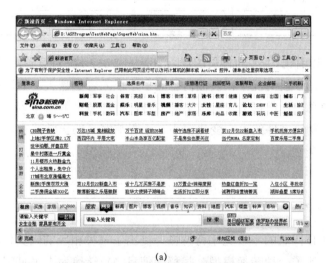

(a)

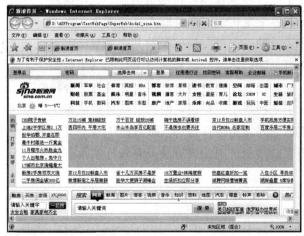

(b)

图 6-14　隐藏信息前后的网页浏览比较图

（a）原始网页浏览效果；（b）嵌入信息后的网页浏览效果

选择一些知名的网站的 HTML 文件，在 PC 上进行秘密信息的嵌入和提取，实验结果如表 6-16 所示。

表 6-16　实验结果

网页	原始大小/KB	隐藏后大小/KB	嵌入容量/位	BER
www.163.com	352	307	2 013	0
www.sohu.com	274	269	1 059	0
www.sina.com.cn	494	485	89	0
www.buct.edu.cn	116	93	948	0
www.bipt.edu.cn	22	19	253	0
http://urt.bipt.edu.cn/urt/	47	37	228	0
www.google.com	12	—	1	—
www.baidu.com	7	—	1	—

由表 6-16 可以看出，163 的首页的嵌入容量为 2 013 位，百度首页的嵌入容量为 1 位。从一定程度上反映，一般情况下，页面内容越多，嵌入容量越大。而网页的作用是最大限度地向用户展现信息，通常都会含有较多的内容，所以网页的隐藏容量有一定的保障。秘密信息嵌入前后，网页文件的大小变化很小，不影响网页的正常发布。BER 都为 0，表明算法具有很高的安全性。

6.5　小结

本章基于 ASCII 码表的不可见字符特性，提出了三种相应的网页信息隐藏算法：

（1）提出并设计了一种转换模型，将秘密信息 M 转换为不可见字符，再嵌入网页某行的结束标签。其隐藏容量是传统的比特嵌入算法的 3.5 倍。

（2）提出并设计了一种 5 比特分组模型及其隐藏算法，通过秘密信息的比特流重组，将秘密信息转换为不可见字符，并隐藏到网页某行的结束标签中。其隐藏容量是传统的比特嵌入算法的 5 倍，显著提升了隐藏容量，也大大增强了鲁棒性。

（3）提出并设计了一种基于注释语句的网页信息隐藏算法。算法根据要嵌入 0 或 1 来决定是否在起始标签前嵌入特定注释语句。而 HTML 文件中的注释语句是普遍存在的，嵌入的特定注释语句不易被察觉，因此该算法具有较好的隐蔽性和安全性。

参考文献

［1］沈勇. 一种基于 HTML 文档的信息隐藏方案 ［J］. 武汉大学学报（自然版），2004，50（s1）：217-220.

［2］孙星明，黄华军，王保卫. 一种基于等价标记的网页信息隐藏算法 ［J］. 计算机研究

与发展，2007，44（5）：756－760.

［3］龙银香. 基于 HTML 标签的信息隐藏模型［J］. 计算机应用研究，2007，24（5）：137－140.

［4］张晓彦，张晓明. 一种基于表格属性的网页信息隐藏算法［J］. 北京石油化工学院学报，2009，17（1）：43－47.

［5］Xiaoming Zhang，Jiongming Qi，Pengfei Niu. Invisible Character－based Approach of Webpage Information Hiding［C］. 2010 the 4th International Conference on Intelligent Information Technology Application.

［6］Xiaoming Zhang，Guoqing Zhao，Pengfei Niu. A Novel Approach of Secret Hiding in Webpage by Inserting Invisible Characters［J］. Journal of Software，2012，7（11）：2614－2621.

［7］牛鹏飞. 信息隐藏技术在隐秘通信中的应用研究［D］. 北京：北京化工大学，2011.

第7章 分布式网站监测系统设计

7.1 网站监测分类与评价

网站监测是对 Web 网站缺陷监测、性能指标测定、网站指标统计与性能趋势预测、网站访问数据分析、大型网站维护管理平台做基础服务的。根据分类标准的不同，网站监测有多种不同的分类。

7.1.1 按监测目标分类

网站监控根据其监测目标可以分为网站性能监测、网站内容监测、服务器监测、网站应用服务监测和安全监测。

（1）网站性能监测包括 HTTP 状态监测、Ping 监测、DNS 域名解析监测、网站访问速度监测、IP 地址监测等。

（2）网站内容监测包括内容更新监测、网站暗链监测、敏感词监测、网站死链监测、网站外链监测、网站媒体资源监测、网站备案信息监测等。

（3）服务器监测是针对网站本身 Linux/UNIX 服务器以及 Windows 服务器的性能监测。监测指标包括 CPU 使用率、CPU 负载、内存使用率、磁盘空间使用率、磁盘 I/O 接口、网络流量、系统进程数等性能参数。

（4）网站应用服务监测支持应用层服务监测，包括 Apache、Lighttpd、Nginx、Tomcat、Redis、Memcache、MySQL、Oracle、MongoDB、Traceroute 等服务性能指标监控。

（5）安全监测包括内容篡改监测、网页挂马监测、跨站脚本监测等。

7.1.2 按网站性能分类

网站性能监测可分为内部监测和外部监测两种。

（1）内部监测是指编写程序和脚本，然后将程序或者脚本部署在服务器上，这种方式虽然能够监测到系统的内部错误，可靠性高，但是无法全面反映网站在客户端的运行情况。

（2）外部监测主要包括：网站的可用性、响应时间、点击率；同类网站的比较数据等。外部监测是指通过模拟最终用户的行为对网站业务从外部进行监测。内部监测和外部监测在监测设计、实现途径和监视工具方面的详细对比分析如表 7-1 所示。

表 7−1　内外监测对比

监视类别	内部监测	外部监测
监视设计	服务器上的内存、CPU 利用率、磁盘读写、进程数等	网站可用率、响应时间、点击率等
实现途径	自己编写程序和脚本	模拟用户行为对网站业务从外部进行监测
监视工具	用户自己编写脚本，或者利用系统自带的性能监视器	网站监测工具：Youmonitor、Internet supervision、Host-tracker

7.1.3　按站点的监测类型分类

根据站点的监测类型不同，可进行以下分类：

（1）Ping 监测：对指定的服务器进行 ICMP Ping 检测，可以获得网站可用率、响应时间以及丢包率等性能参数。

（2）HTTP 状态监测：通过 HTTP 协议可对网站的可用率和响应时间进行监测。

（3）DNS 域名解析监测：监测 DNS 服务器的可用率和响应时间，可获得各种 DNS 记录列表，支持 DNS 轮询（RR）。

（4）FTP 监测：对指定的 FTP 文件服务器进行监测，获取网站可用率和响应时间，有助于了解 FTP 文件服务器的健康状况。

（5）TCP 监测：对指定主机端口进行监测，获取其可用率和 TCP 建立连接的时间，有助于了解网络层 TCP 的连接情况。

（6）UDP 监测：获取 UDP 端口可用率和响应时间（请求发出到响应内容接收完毕的时间），根据输入请求内容和响应内容的匹配，得到网络层 UDP 的服务性能。

（7）SMTP 监测：对指定的 SMTP 电子邮件服务器进行监测，获取可用率和响应时间（从邮件传输请求开始到响应的时间），有助于了解邮件服务器的连接性能情况。

7.1.4　按监测点到服务器的距离分类

按监测点的不同，网站监控可以分成四部分：企业内部监测、骨干网监测、终端用户监测和真实用户监测，如图 7−1 所示。

1）企业内部监测

企业内部监测是企业为了测量网站的性能进行的测试，包括对负载均衡器、网站服务器、应用服务器、数据库服务器和数据存储服务器分别进行测试。进行企业内部监测，既可以模拟大量并发用户来访问网站，也可以模拟来自不同地点的互联网用户来测试网站的性能，采集模拟用户测得的性能参数的数据来分析网站的性能和承载量，其分析结果有一定参考价值，但也存在一定误差。

2）骨干网监测

骨干网监测是公司防火墙外的第一层网络的监测，属于主动监测。这种监测可以设

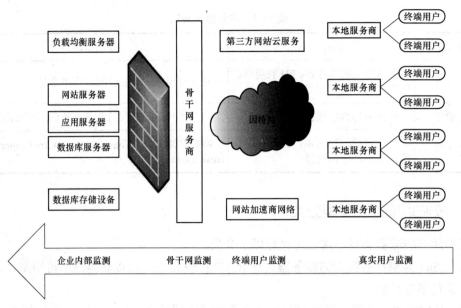

图7-1　网站监测框架图

定在某地点或者某地域进行监测，能够及时快速地反馈网站的性能参数，如响应时间、可用性及稳定性。通过这些参数来验证网站是否运行正常，其最大的优势就是具有可控性。但是，由于骨干网监测并没有从用户的角度出发监测，因此无法准确测得终端用户的实际体验。

3）终端用户监测

终端用户监测即"最后一公里"监测，用户终端对网站进行主动测试。终端用户监测可以基于大量闲置的 PC 测试，因为不同的网络连接配置和不同地域都会对测试结果产生影响，所以用户终端的监测能真实地反映用户的体验结果，同时也能分析出不同地域的服务质量情况。

4）真实用户监测

真实用户监测是当用户在访问网站时，网站采集到的数据，包括用户性能体验、用户的地理位置、浏览器、操作系统等网站指标参数，这些数据对分析网站和预测网站状态是非常重要的。

这四种监测的对比如表7-2所示。

表7-2　四种监测的对比

监测类别	企业内部监测	骨干网监测	终端用户监测	真实用户监测
测试方式	企业主动模拟	企业主动测试	企业主动测试	被动测试
测试量	模拟数量	级别是百	级别是万	所有用户
监测地点	模拟地点	骨干网结点监测	互联网边缘	所有地点
测试性能	实验室机器	高级别商业服务器	个人消费类 PC	所有个人 PC

续表

监测类别	企业内部监测	骨干网监测	终端用户监测	真实用户监测
优点	测量方便	测量准确率高，及时发现问题和预警，及时精确诊断查出问题的根本原因，具有可控性，比较的性能数据为集合	非常接近实际客户的用户体验，真实反映用户打开网站的时间	浏览器；连接速度；地域不同的性能
缺点	模拟测试，测试数据不真实，具有误差	不能监测终端用户的体验性能	可控性没有骨干网高	只能反映用户的上网性能

不管从何种地点监测，都是为了真实地监测到网站的性能参数。每种监测都具有优势和不足，若只是针对新网站进行性能测试，那么可以采用企业内部监测。如果需要真实地监测网站的性能，则可采用骨干网监测，但是骨干网监测不能真实地反映用户的使用情况。而针对用户而言，只关心网页的响应时间，因此，若从用户满意度来分析网站，则需要采用终端用户的监测。真实用户监测是监测真实用户的上网行为，如用户对网站的爱好、比较喜欢网站的哪一部分等问题。通过真实用户监测，企业可以获得分析网站基础数据。若要真实地反映一个网站的性能，则可以采取前三者相结合的方式，能更加全面地反映网站的运维状况，尽快将发现的问题及时通知管理员，对网站更好地进行优化，在用户抱怨前将问题解决。

7.1.5　网站状态评价标准

网站系统最重要的性能指标为响应时间、可用性和稳定性。网站响应时间是一个网页能被完全打开所需要的时间，能反映最终用户的感受体验。可用率是指被监控站点可以正常访问的次数占总检查次数的百分比。对响应时间的评判标准如表 7-3 所示。

表 7-3　对响应时间的评判标准

响应时间/s	说明
少于 0.1	访问者感觉到网站能够实时反应的界限。在这个极短的时间内，除了结果显示外，并不需要再安排其他回馈信息
少于 1	访问者的思维能持续不被中断的界限。虽然访问者会觉察到短暂的延迟，有失去直接操作数据的感觉，但一般无须任何回馈机制，如网页浏览的启动
少于 10	吸引访问者继续浏览的最大界限

通常，定义网站响应时间小于 1 s 为网站正常状态（<0.5 s，非常快；0.5~1 s，较快），大于 1 s 小于 2 s 为可接受状态（1~1.5 s，一般；1.5~2 s，较慢），在 2~10 s 阶段为网站需要优化阶段（>2 s，非常慢），大于 10 s 的网站为处于瘫痪状态。

网站可用性是目前业内衡量网站稳定程度的重要指标之一，表示在一段时间内，网站处于"正常状态"的概率。

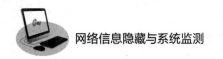

可用率的计算公式如下：

$$可用率 = \frac{可用时间}{可用时间 + 故障时间} \qquad (7-1)$$

$$MTTF = 探测周期 \times 成功次数 \qquad (7-2)$$

$$MTTR = 探测周期 \times 失败次数 \qquad (7-3)$$

$$可用率 = \frac{MTTF}{MTTF + MTTR} \times 100\% \qquad (7-4)$$

即

$$可用率 = \frac{探测成功次数}{探测总次数} \qquad (7-5)$$

式中，MTTF——平均失效的时间（Mean Time To Failure）；

　　　　MTTR——平均恢复所用时间（Mean Time To Restoration）。

对可用率的定义：在99%以上为网站稳定阶段；在90%～99%阶段为网站不稳定阶段，网站需要优化；小于90%时，网站非常不稳定，需高度重视。

网站稳定性是网站成长和网站发展的前提，网站稳定包括服务器的稳定、程序的稳定，以及网站整体的稳定性。

7.2　分布式网站监测系统设计

分布式网站监测就是对网站的监测采用多路用户终端，从全国各地以一定的时间频率对同一个网站进行访问，监测其访问网站的性能数据，然后通过监测到的数据对网站各性能指标进行分析，评价网站的健康状况。

根据监测点距离网站服务器的远近，将分布式测量系统分为局域网、城域网和广域网三种情况，相应的拓扑结构如图 7-2 所示。以 Web 中心服务器作为网站的站点，通

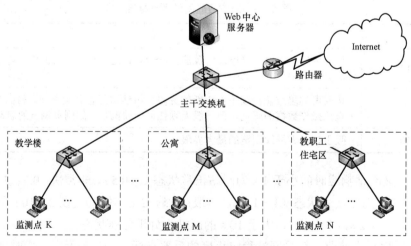

图 7-2　局域网拓扑结构

过主交换机，连接教学楼、公寓教职工住宅区等不同的监测点，通过不同监测点来完成局域网内的分布式网站监测仿真。

城域网拓扑结构如图 7-3 所示。以 Web 服务器作为网站的站点，通过主干交换机，连接不同大学的不同的监测点，通过不同监测点来完成城域网内的分布式网站监测仿真。

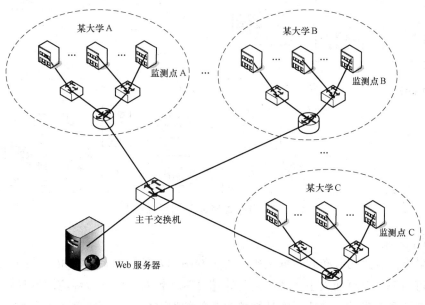

图 7-3　城域网拓扑结构

广域网拓扑结构如图 7-4 所示。以 Web 服务器作为网站的站点，通过若干个交换机或者路由器，连接到不同地域的不同的监测点，以长春、石家庄、长沙和广州作为不同的监测点，来完成广域网内的分布式网站监测仿真。

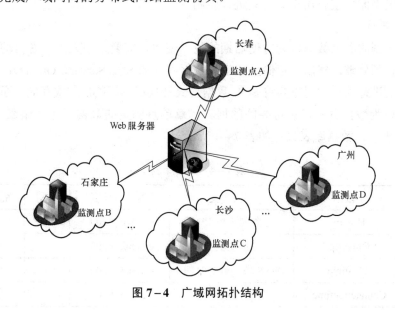

图 7-4　广域网拓扑结构

通过以上分析，分布式 Web 测量系统包括数据采集、数据管理、数据分析和数据显示四部分，如图 7-5 所示。

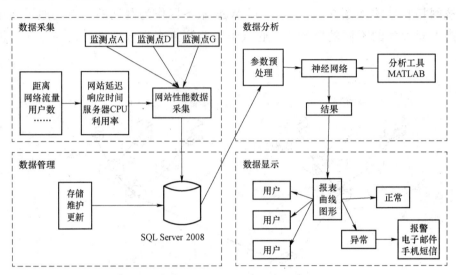

图 7-5　分布式 Web 测量系统结构

1）数据采集

数据采集部分采用分布式数据采集，采集网站的各种性能参数，如网站的可达率、响应时间、可用率、首页面大小及其平均传输速度等。针对不同的实际应用场景，保证采集信息的准确性和可靠性，完成对网站性能参数的数据采集。改变距离、用户数、网络负载等引起网站的性能变化的参数，采集网站的延迟/响应时间、服务器 CPU 的利用率、吞吐量等参数，将采集到的数据存储在数据库便于分析使用，以此来评估网站的健康状况。

单点数据采集使用 Visual Studio 2010 编程来实现单点测量网站的性能参数，分布式数据采集数据采用监控宝公司采集工具进行监测。

2）数据管理

针对采集到的海量数据，为方便后期的处理使用，需要采用人工或者自动的方式对数据进行筛选和预处理。然后，存储到相应的数据库（如 SQL Server、Oracle），如果后期需要在云平台上进行处理，则需要将 SQL 数据形式转换成 NOSQL 方式存储。通过数据管理这一步，可以为数据分析提供可靠的数据。本章单点测量的数据直接存储在 SQL Server 2008 数据库表中，数据库表设计如表 7-4 所示。

表 7-4　数据库表

序号	字段名	字段含义	类型与长度	键别	空否	备注
1	HostIp	监测主机 IP	varchar（20）	PK	N	
2	ObjectIp	目标主机 IP	varchar（20）		Y	
3	DNStime	DNS 域名解析时间	varchar（20）		Y	
4	Connectiontime	建立连接时间	varchar（20）		Y	

序号	字段名	字段含义	类型与长度	键别	空否	备注
5	Computingtime	服务器计算时间	varchar（20）		Y	
6	Downloadtime	下载内容时间	varchar（20）		Y	
7	Response	响应时间总和	varchar（20）		Y	
8	MeasureDate	监测时间	date		Y	
9	CPUutilization	CPU 使用率	varchar（20）		Y	
10	CPUload	CPU 负载	varchar（20）		Y	
11	Websiteflow	网站流量	varchar（20）		Y	
12	Readwirte	磁盘 I/O 读写	varchar（20）		Y	
13	DiskUtilization	磁盘使用率	varchar（20）		Y	
14	Systemprocess	系统进程	varchar（20）		Y	
15	Breakdowntime	故障时间	date		Y	
16	BreakdownID	故障点 ID	varchar（20）		Y	
17	MeasureID	监测点 ID	varchar（20）		N	

3）数据分析

将数据库中预处理的数据，采用数学方式或建立模型，进行实时分析和趋势预测，这样可以分析出网站的状态，是处于正常运行中、危险中，还是已经瘫痪状态。本章在数据分析部分采用支持向量机和信息粒化算法相结合的方式进行状态分析和性能预测。

4）数据显示

将分析的数据结果，采用可视化的方式展现给用户，用户就可以直观地看到网站的运行状况。本章将结合二维和三维曲线、列表方式进行呈现。

7.3 分布式网站监测的仿真模型设计

本节将从终端用户的角度来构建模型，采集网站运行中的各种不同参数，并分析各参数之间的关系。

7.3.1 模型建立

采用 OPNET 14.5 进行仿真与分析。首先，新建空场景，网络规模为 world 级别，构建服务器建立在北京，服务器由 file server、web server 和 database server 构成，为服务器配置相应的应用。然后，建立 5 个子网，将 5 个网段分别建立在北京、石家庄、长春、长沙和广州（距离服务器距离约：30 km、270 km、860 km、1 350 km、1 890 km）。子网包含 1 个 100BASE－T 局域网（用户数待定）、1 个 3Com CB3500 交换机和 1 个 Cisco 4000 的路由器。子网采用 1 000 Mbps 带宽，主干网络采用 10 Mbps 带宽。场景的仿真时间（Duration）设为 1 h，仿真种子数（Seed）设为 128。采集数据包含全局变量、节点变量和链路数据。网站仿真的模型如图 7-6 所示[1-3]。

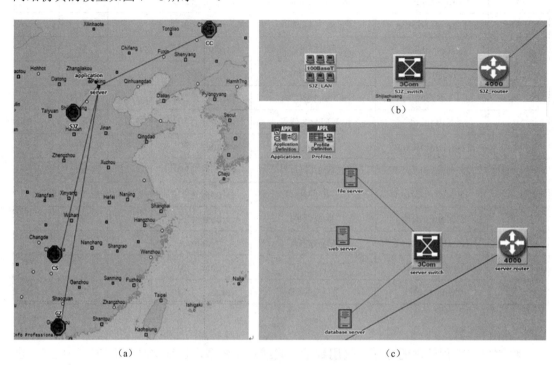

(a) (b) (c)

图 7-6 网站仿真的模型图

（a）全局网站设计；（b）子网设计；（c）服务器端设计

7.3.2 评测标准

根据 OPNET 仿真得出网站各性能参数数据，采用 MATLAB 函数对数据拟合，拟合的评价标准有：误差平方和（即和方差，SSE）、方差（即均方差，MSE）、标准差（即均方根，RMSE）、确定系数（R-square）、修正的确定系数（Adjusted R-square）。其中，前 3 个误差（SSE、MSE、RMSE）参数是基于预测值和原始值之间的误差，即点对点误差，确定系数（R-square）和修正的确定系数（Adjusted R-square）是相对于原始平均值而展开的。

和方差（SSE）是统计原始数据和 MATLAB 拟合数据对应点的误差平方和，计算公式为

$$SSE = \sum_{i=1}^{n} w_i (y_i - \hat{y}_i)^2 \tag{7-6}$$

式中，w_i——权重；

$y_i, \hat{y}_i$——第 i 个原始数据和对应的预测数据，$i = 1, 2, \cdots n$，n 为原始数据的个数。

和方差（SSE）越趋于 0，说明选择的拟合模型越好，对数据的预测准确率越成功。

均方差（MSE）是统计原始数据和预测数据相对应点误差的平方和的均值，即 SSE/n，计算表示为

$$\text{MSE} = \text{SSE} / n = \frac{1}{n}\sum_{i=1}^{n} w_i (y_i - \hat{y}_i)^2 \tag{7-7}$$

均方根（RMSE）统计参数，是均方差的平方根，也称为回归系统的拟合标准差。计算表示为

$$\text{RMSE} = \sqrt{\text{MSE}} = \sqrt{\text{SSE} / n} = \sqrt{\frac{1}{n}\sum_{i=1}^{n} w_i (y_i - \hat{y}_i)^2} \tag{7-8}$$

定义：

SSR（Sum of Squares of the Regression）：预测数据与原始均值之差的平方和。计算表示为

$$\text{SSR} = \sum_{i=1}^{n} w_i (\hat{y}_i - \overline{y}_i)^2 \tag{7-9}$$

SST（Total Sum of Squares）：原始数据和均值之差的平方和。计算表示为

$$\text{SST} = \sum_{i=1}^{n} w_i (y_i - \overline{y}_i)^2 \tag{7-10}$$

确定系数（R－square）是由 SSR 和 SST 两个参数共同决定的。由于 SST＝SSE＋SSR，确定系数为 SSR 和 SST 的比值，因此

$$\text{R} - \text{square} = \frac{\text{SSR}}{\text{SST}} = \frac{\text{SST} - \text{SSE}}{\text{SST}} = 1 - \frac{\text{SSE}}{\text{SST}} \tag{7-11}$$

确定系数通过数据的变化来表征拟合结果的好坏。由式（7-11）可知，确定系数 R－square 的正常取值范围是[0,1]，值越接近 1，表明方程的变量对 y 的解释能力越强，此模型对数据拟合得也越好。标准差根据数理统计的概念得来，标准差越小，说明波动越小，系统越稳定；反之，标准差越大，说明波动越大，系统越不稳定。

7.4　分布式网站监测系统的仿真分析

7.4.1　距离和响应时间的关系

Internet 的响应时间常常与地理位置相关，从访问者的不同位置对网站进行测试。通过 OPNET 仿真，测得监测点和 Web 服务器之间的距离变化时，页面响应时间的变化情况，针对采集到的数据采用 MATLAB 拟合数据仿真。将用户数量分别设置为 50、250 和 500，进行线性拟合 $f(x) = p_1 x + p_2$，得出在 95%的置信区间内的三组数据如表 7-5 所示，三组线性回归函数的斜率几乎相同，只是截距略有不同，可见距离与响应时间的关系近似为线性关系，如图 7-7 所示。

表 7-5　距离与响应时间的拟合结果

参数 ＼ 用户数	50	250	500
p_1	0.042 87（0.041 61，0.044 12）	0.042 78（0.042 23，0.043 32）	0.042 66（0.041 96，0.043 35）
p_2	4.55（3.157，5.943）	4.378（3.767，4.988）	4.367（3.594，5.14）
SSE	1.082	0.207 7	0.333
R－square	0.999 7	1	0.999 9
Adjusted R－square	0.999 7	0.999 9	0.999 9
RMSE	0.600 5	0.263 1	0.333 2
拟合函数	$y=0.042\,87x+4.55$	$y=0.042\,78x+4.378$	$y=0.042\,66x+4.367$

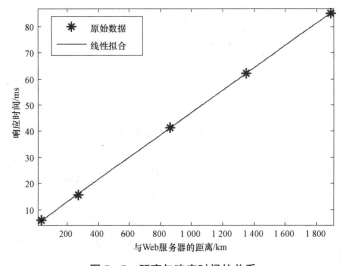

图 7-7　距离与响应时间的关系

表 7-5 中三组数据的误差平方和标准差均比较小，确定系数 R－square 均为 0.999 9，非常接近 1，可以看出，预测数据与原始均值之差的平方和与原始数据与均值之差的平方和之间的比接近于 1，此线性模型对数据的拟合程度比较高。可见，随着距离的增加，客户机访问 Web 服务器的页面响应时间与距离呈近似线性关系增长，采取误差最小的用户数为 250 个时的值，响应时间和距离的关系可表示如下：

$$响应时间 = 0.042\,78 \times 距离 + 4.378$$

7.4.2　用户数和响应时间的关系

本节采用响应时间的平均值来拟合数据，对于用户数初始值为 50～3 000，可采用线性函数拟合，结果如表 7-6 和图 7-8 所示，响应时间在 41 ms 左右。但是，当用户数迅速增大时，数据既有指数函数的趋势，又有二次项函数的趋势，故 MATLAB 采用指数函数和二次函数两种方式拟合，结果如表 7-7 和图 7-9（书后附彩插）所示。

表 7-6　用户数（少）与响应时间的拟合结果

拟合函数	$f(x)=p_1x+p_2$
函数自变量	$p_1=6.178\times10^{-5}$（-9.591×10^{-5}，2.195×10^{-4}） $p_2=41.02$（40.82，41.21）
SSE	0.874 5
R－square	0.052 23
Adjusted R－square	－0.020 67
RMSE	0.259 4

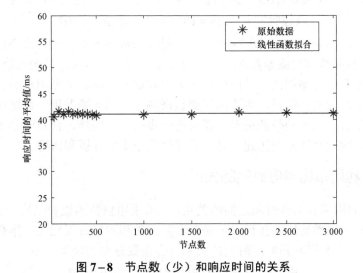

图 7-8　节点数（少）和响应时间的关系

表 7-7　用户数（多）与响应时间的拟合结果

拟合方式	指数函数拟合	二次函数拟合
拟合函数	$f(x)=a^{bx}+c$	$f(x)=p_1x^2+p_2x+p_3$
函数自变量的值	$a=1\,514$（744.2，2283） $b=0.644\,1$（0.452 3，0.835 9） $c=-965.4$（$-1\,666$，-264.8）	$p_1=552$（481.6，622.5） $p_2=969.8$（870.6，1 069） $p_3=441.5$（358.8，524.3）
SSE	1.448×10^5	3.549×10^4
R－square	0.994 2	0.998 6
Adjusted R－square	0.992 6	0.998 2
RMSE	143.8	71.21

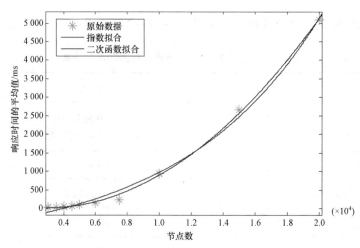

图 7－9　节点数（多）和响应时间的关系

从表 7－6 和图 7－8 可以看出，当用户数较少时，响应时间稳定变化，最终拟合的结果是：

$$响应时间 = 6.178 \times 10^{-5} \times 节点数量 + 41.02$$

当用户数多，如表 7－7 和图 7－9 所示，通过指数函数拟合和二次函数拟合的相关系数都接近 1，即预测数据与原始数据均值之差和原始数据和均值之差的比值接近于 1，但二次函数的和方差和均方差都比指数函数的和方差和均方差小。可见用户数和响应时间的关系接近二次函数的关系。但是，由于测量的数据偏小，那么随着用户数增加，用户数和响应时间的关系是否是二次函数的关系，需要进一步研究。同样，针对网站配置不同，具体增大到多少时，响应时间才会迅速上升，需要做进一步的分析和研究。

7.4.3　CPU 利用率和响应时间的关系

针对 CPU 利用率和响应时间之间的关系，本节采用指数函数和二次函数对比分析，发现两种函数的相关系数均比较接近，但是两者的误差和和均方根相比，指数模型显然均比较小，可见 CPU 的利用率和响应时间的关系符合指数分布的模型，即

$$响应时间 = 0.793\,8^{1.315 \times CPU\,利用率} - 0.249\,3$$

CPU 利用率与响应时间的拟合结果如表 7－8 所示，它们之间的关系如图 7－10（书后附彩插）所示。

表 7－8　CPU 利用率与响应时间的拟合结果

拟合方式	指数函数拟合	二次函数拟合
拟合函数	$f(x) = a^{bx} + c$	$f(x) = p_1 x^2 + p_2 x + p_3$
参数值	$a = 0.793\,8$（$0.656\,6$，$0.930\,9$） $b = 1.315$（1.223，1.407） $c = -0.249\,3$（-0.381，$-0.117\,7$）	$p_1 = 0.003\,325$（$0.002\,523$，$0.004\,128$） $p_2 = -0.175\,6$（$-0.247\,8$，$-0.103\,3$） $p_3 = 2.209$（$0.920\,4$，3.498）
SSE	0.067 61	1.023
R－square	0.999 2	0.987 3
Adjusted R－square	0.998 9	0.984 1
RMSE	0.091 93	0.357 6

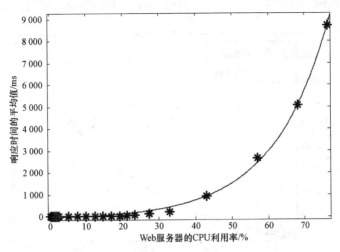

图 7 – 10　CPU 利用率和响应时间的关系

随着客户机访问量的增加，CPU 利用率逐渐增加，页面响应时间逐渐增加，当访问量增加到 10 000 左右时，CPU 利用率迅速增加，响应时间迅速上升。可见服务器的 CPU 利用率的大小对页面响应时间有一定的影响。通常，CPU 利用率在 30%～40%，超过这个界限，网络性能会下降。一般情况下，响应时间阈值设为 100 ms，最大不超过 400 ms。通常，网站负载发生轻微变化时，响应时间处于稳定状态，但如果某资源耗尽，响应时间就会迅速上升。

7.4.4　Web 服务器流量和响应时间的关系

Web 服务器流量对网站的页面响应时间也是有很大影响的，针对 Web 服务器的流量和页面响应时间的关系，选择用户数在 3 000～25 000 的平均流量值和页面响应时间进行分析，采用指数模型 $f(x) = a^{bx} + c$ 拟合数据得出置信区间在 95% 的参数值：$a = 1.834$（1.4，2.267），$b = 0.820\,6$（0.717，0.924 2），$c = -1.002$（-1.388，-0.616）。其方差和和方差根分别为 0.139 6、0.132 1，拟合误差非常小，相关系数 R – square 为 0.998 3，修正的相关系数 Adjusted R – square 为 0.997 8，两者非常接近 1。

可见，随着 Web 服务器流量的增加，页面响应时间呈现指数增长，其模型可表示如下：

$$响应时间 = 1.834^{0.820\,6 \times 流量} - 1.002$$

Web 服务器流量和响应时间之间的关系如图 7 – 11（书后附彩插）所示。

7.4.5　Web 服务器吞吐量和响应时间的关系

针对 Web 服务器吞吐量和页面响应时间的关系进行研究发现，随着吞吐量的增加，响应时间非线性地增长。采用指数函数和二次函数来拟合数据如表 7 – 9 和图 7 – 12（书后附彩插）所示，可以看出两者之间的关系和指数函数和二次函数都比较接近，两者的方差和和方差根都比较小，并且相关系数都比较接近于 1。服务器吞吐量会随着 Web 负载的增加而增加，吞吐量与响应时间有一定关系，通过吞吐量来判断响应时间比较困难。

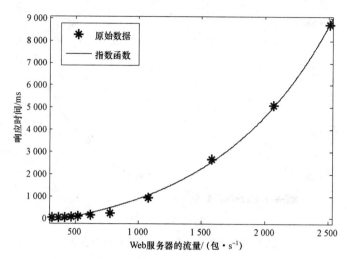

图 7-11　Web 服务器流量和响应时间的关系

表 7-9　Web 服务器吞吐量与响应时间的拟合结果

拟合方式	指数函数拟合	二次函数拟合
拟合函数	$f(x) = ab^x + c$	$f(x) = p_1 x^2 + p_2 x + p_3$
参数值	$a = 2.103$（1.608，2.598） $b = 0.7524$（0.6535，0.8513） $c = -1.221$（-1.664，-0.7778）	$p_1 = 4.069 \times 10^{-7}$（$3.825 \times 10^{-7}$，$4.313 \times 10^{-7}$） $p_2 = -0.0006073$（-0.000747，-0.0004677） $p_3 = 0.2828$（0.1469，0.4188）
SSE	0.1358	0.03252
R – square	0.9983	0.9996
Adjusted R – square	0.9979	0.9995
RMSE	0.1303	0.06376

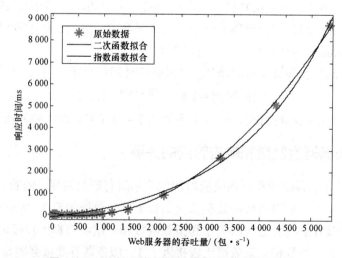

图 7-12　Web 服务器吞吐量和响应时间的关系

7.4.6　用户数和延时的关系

选择有代表性的用户数为 5 000、15 000 和 25 000，两者之间的关系可以通过图 7–13（书后附彩插）表示。

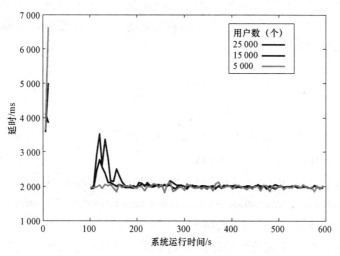

图 7–13　用户数和延时之间的关系

用户在初始阶段（系统初始化的阶段）延时比较大，甚至导致约 90 s 时长的延时为无穷大。用户在 5 000 时，系统平稳后可保持在 2.2 s 左右，系统变稳定。当用户达到 15 000 时，系统在完成初始化后，出现抖动现象。当用户达到 25 000 时，系统出现的抖动增加，幅度增大并且时间变长。可见，随着用户数目增多，网站由于超过其最大负载能力，出现延迟的时间会越来越长，并且变得不稳定。

7.5　小结

本章根据 OPNET 仿真工具，建立分布式仿真模型，运行得出仿真结果。然后，根据评测标准对网站性能参数之间的关系进行分析，得出各性能参数之间的关系如下：

（1）根据监测点距离 Web 服务器的距离来分析页面响应时间，得出距离和响应时间近似为线性关系。

（2）在用户数达到一定数量之前，响应时间在一个固定值浮动，变化不大。但是当用户数量超过某值时，响应时间迅速增加，通过指数函数和二次函数模型对比，发现响应时间和用户数符合二次函数的关系。

（3）通过指数函数和二次函数模型对 CPU 利用率和响应时间的关系对比分析，发现两者符合指数分布的模型。

（4）Web 服务器的流量和页面响应时间为指数关系，可见随着 Web 服务器流量的增加，页面响应时间呈指数增长。

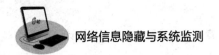

（5）Web 服务器吞吐量和页面响应时间的关系采用指数函数和二次函数来拟合，两者的误差均比较小，且相关系数均接近 1。

（6）系统初始化完成后，随着用户的增加，出现抖动，延迟变大，并且不稳定的时间变长。

由于仿真采集到的数据比较理想，测量的数据偏小，而实际网站各个参数之间的关系受多种因素影响，且实际的网络是非线性动态变化的，所以需要根据实际测量网站性能参数的数据来进一步研究和分析。

参考文献

［1］冯翠霞，张晓明. 基于 OPNET 的分布式网站监测与性能分析的研究［J］. 北京石油化工学院学报，2014，22（2）：14－19.

［2］Xiaoming Zhang，Cuixia Feng，Junlong Xiao. A Comprehensive System Design for Website Secure Protection [C]. International Conference on Computer，Communications and Information Technology（CCIT 2014）.

［3］冯翠霞. 分布式网站监测及性能分析研究［D］. 北京：北京化工大学，2014.

第8章　分布式网站监测与预警技术

8.1　分布式监测部署

要实现分布式网站监测，则需要先为服务器配置 SNMP 服务。SNMP 是应用层协议基于 TCP/IP 协议族的网络管理标准，它通过 UDP 来操作。为管理者提供网络管理员接口，通过 SNMP 完成网络管理。SNMP 被无数设备用来作为监控协议，并且工作可靠。若要监测到网站服务器的性能，需开启 SNMP 代理程序，针对网站服务器的安全性进行必要的安全配置。

在 Windows 服务器上开启 SNMP 服务前，需要确认已经安装了 Windows 组件 SNMP 协议。可在控制面板的"添加或删除程序"中查看是否已安装 Windows 组件，在"管理和监控工具"中查看是否已安装"简单网络管理协议（SNMP）"，若没有安装，则进行安装。然后，在"管理"菜单中的"服务"中找到 SNMP Service 进行配置，关闭 SNMP Trap Service 服务。

打开"SNMP Service 的属性"对话框，切换到"安全"选项卡，添加团体"public"只读，选中"接受来自这些主机的 SNMP 包"单选框，并添加"60.195.252.107""60.195.252.110"两个 IP 地址，即专用监测点，如图 8−1 所示。

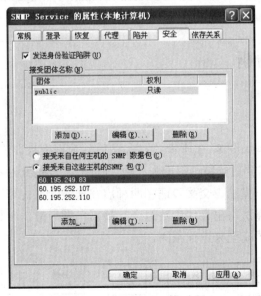

图 8−1　配置 SNMP Service

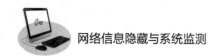

为保证网站服务器的安全，需要开启 Windows 防火墙，确保服务器打开了 SNMP Service 的端口。添加例外端口，打开本地连接、属性、高级、防火墙、例外，默认端口号为 161，如图 8 - 2 所示。

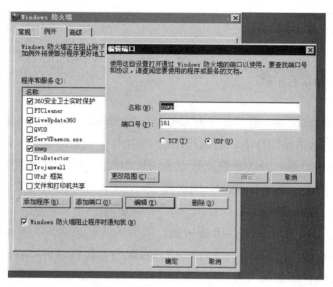

图 8 - 2　开启 Windows 防火墙

完成配置后，可以检测 SNMP 是否连接成功。在 SNMP 远程测试中输入 IP 地址、SNMP 的代理端口、SNMP 传输协议版本和社区名称即可检测，当出现如下提示，则表明可成功监测目标。

"$snmpwalk - v2c - cpublic'210.31.40.78'sysDescr'
SNMPv2 - MIB::sysDescr.0 = STRING:Hardware:x86Family15Model4Stepping10AT/ATCOMP
ATIBLE-Software:WindowsVersion5.2(Build3790MultiprocessorFree)"

8.2　网站状态分析

8.2.1　模型建立

建立模型的算法流程如图 8 - 3 所示。首先，从原始数据中将训练集和测试集提取出来，进行预处理（必要时还需要进行特征提取），预处理部分主要是针对不同的问题进行相应的归一化。然后，通过随机算法、交叉验证和两种启发式寻优遗传算法和蚁群算法进行参数寻优，采用不同的寻优算法得出最佳参数组合。最后，利用最佳参数组合，采用训练集进行训练，针对训练得到的模型来进行预测。

图 8 - 3　模型整体流程

8.2.2 选训练集和测试集

针对北京化工大学研究生院网站进行监测，选择有代表性的 180 个网站响应时间数据进行分析。根据响应时间的标准将其分成 3 类，即响应时间良好、响应时间需要多加注意和响应时间故障报警。其中，有 73 个响应时间良好的数据，67 个需要多加注意的数据，40 个比较危险的响应时间。其中，用 67 个训练数据、113 个测试数据的 24 地区响应时间特性如图 8−4 所示。

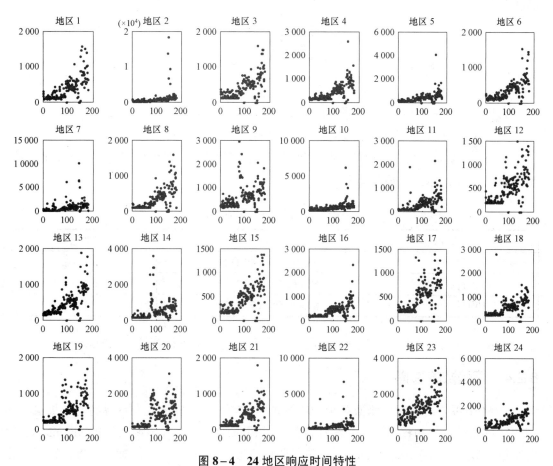

图 8−4　24 地区响应时间特性

横坐标轴：数据序号（1~180）；纵坐标轴：响应时间/ms

8.2.3 数据预处理

对数据进行预处理，可以提高最后的预测准确率。预处理主要为归一化处理。对训练集和测试集进行归一化处理，采用的归一化映射为

$$f: x \rightarrow y = \frac{x - x_{min}}{x_{max} - x_{min}} \qquad (8-1)$$

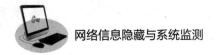

式中，$x,y \in \mathbf{R}^n$；

$\quad x_{\min}, x_{\max}$ ——原始数据 x 的最小值和最大值。

归一化的效果是将原始数据规整到[0,1]范围内，即 $y_i \in [0,1]$，$i = 1,2,\cdots,n$，这种归一化方式为[0,1]区间归一化，称为规范化方式。还有[−1,1]归一化，其映射为

$$f: \ x \rightarrow y = 2 \times \frac{x - x_{\min}}{x_{\max} - x_{\min}} + (-1) \tag{8-2}$$

在 MATLAB 中，mapminmax 函数实现规范化方式的归一化，mapminmax 函数所采用的映射为

$$y = \frac{y_{\max} - y_{\min} \times (x - x_{\min})}{x_{\max} - x_{\min}} + y_{\min} \tag{8-3}$$

式中，x ——原始数据；

$\quad y$ ——归一化的数据；

$\quad x_{\min}, x_{\max}$ ——原始数据 x 的最小值和最大值；

$\quad y_{\min}, y_{\max}$ ——映射的范围函数，可进行调节。

对 180 个数据进行不归一化、归一化到[−1,1]区间、归一化为规划化三种形式的测试，得出如表 8−1 所示的三种准确率。

表 8−1　三种归一化的对比

归一化方式	准确率	参数选择
不归一化	35.398 2%（40/113）	− c 2　− g 1
[−1,1]归一化	52.212 4%（59/113）	− c 2　− g 1
[0,1]归一化	84.070 8%（95/113）	− c 2　− g 1

从表 8−1 可以看出，将数据先进行归一化预处理，可以得到较高的准确率。

8.2.4　核函数的选择

SVM 中不同的内积核函数可形成不同的算法，不同的核函数最终得到的结果也不相同，针对几种常见的核函数——线性核函数（Linear）、二次项核函数（Polynomial）、径向基核函数（Radial basis function）和高斯核函数（Sigmoid）进行对比分析，在归一化的情况下，采用不同的核函数得出数据的准确率对比如表 8−2 所示。

表 8−2　不同核函数下的准确率

采用的核函数	准确率	参数选择
Linear	79.646 0%（90/113）	− c 2 − g 1 − t 0
Polynomial	55.752 2%（63/113）	− c 2 − g 1 − t 1
Radial basis function	84.070 8%（95/113）	− c 2 − g 1 − t 2
Sigmoid	58.407 1%（66/113）	− c 2 − g 1 − t 3

通过表 8-2 对比可以看出，采用径向基函数作为核函数，最终的准确度最高，达到 84.070 8%。

8.2.5　参数优化

采用 SVM 进行预测分析时，为了达到满意的预测结果，需要对参数（惩罚函数 c 和核函数 g）进行调整，然后进行对比分析得出最优结果。本节针对随机选择、交叉验证、遗传算法、粒子群 4 种不同的寻优算法进行参数寻求对比，分析各种不同算法的优点和缺点，最后采用最佳参数组合进行预测分析[1,2]。

1. 随机选择

通过随机生成不用的参数 c 和 g 进行分析，进行 4 次实验，运行结果如表 8-3 所示。

表 8-3　随机选择参数的准确率

运行次数	随机选择的参数 c	随机选择的参数 g	测试集分类准确率
1	45.884 9	92.617 7	39.325 8%
2	54.680 6	4.227 2	92.134 8%
3	2.922 0	85.770 8	39.325 8%
4	83.082 9	17.052 8	51.685 4%

通过随机选择的参数无法保证最终的分类准确率，凭经验可能会选取到合适的参数，但不能保证是最佳参数，所以随机选取参数的方法不可取。

2. 交叉验证

交叉验证（Cross Validation，CV）用于对参数进行优化选择，其思想是将原始数据进行分组验证，一组作为训练集，剩下的一组作为验证集进行寻优。采用交叉验证方式，可以取得最优参数，提高最终分析结果的准确率。常见的交叉验证的方法有多种，各有利弊。例如，Hold-Out Method 方法简单，结果不太可信；K-CV 可避免过学习和欠学习，结果较可信；LOO-CV 计算成本高，实际操作困难。

交叉验证的流程如图 8-5 所示。

如果有多组 c 和 g 对应，为避免太大的 c 导致过学习发生，就选择 c 最小的值作为最佳参数；若同一个 c 对应多个 g，则选择搜索到的第一组。首先，进行参数粗选，让 $\log_2 c$ 在区间[-10,10]、$\log_2 g$ 在区间[-10,10]范围内离散取值，步进大小 accstep 为 1.5，进行选择。然后，根据粗选的结果，缩小范围，让 $\log_2 c$ 在区间[-2,4]、$\log_2 g$ 在区间[-2,4]范围内离散取值，步进大小修改为 0.9，得出最大准确率可达 97%左右。参数精选等高线图如图 8-6（书后附彩插）所示，对应的三维视图如图 8-7（书后附彩插）所示。

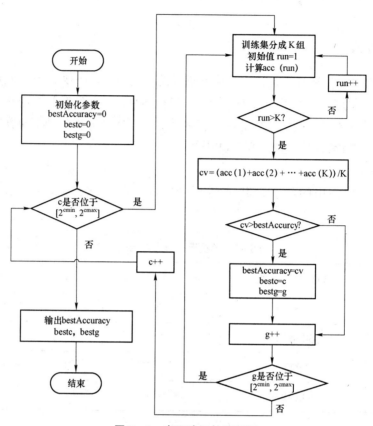

图 8-5　交叉验证的流程图

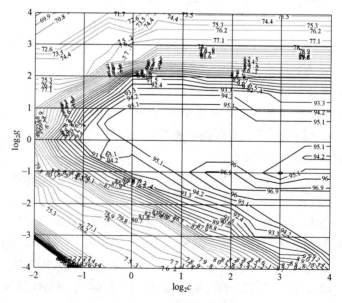

图 8-6　参数选择等高线图

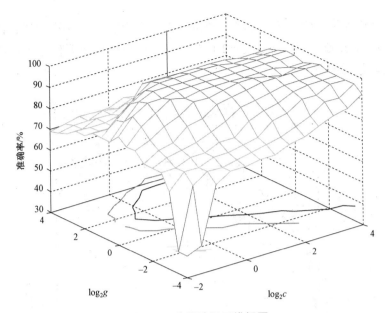

图 8-7　参数选择三维视图

　　通过精选参数最终可以得出，精细的准确率（即 Best Cross Validation Accuracy）可以达到 97.014 9%，最优参数 $c=2.828\ 43$，$g=0.5$。

　　3. 遗传算法

　　采用交叉验证（即网格划分）来寻找最佳参数组合 c 和 g，可以找到全局最优解，但如果想在更大的范围内找到最佳参数是比较费时的。若需快速找到最优解，而不遍历所有的参数，则需采用启发式方式完成。遗传算法（GA）采用个体编码，进行复制、交叉、变异、显性、倒位等遗传算子。将交叉验证下的准确率作为遗传算法中的适应度函数值，利用遗传算法对 SVM 参数进行优化，其流程如图 8-8 所示。

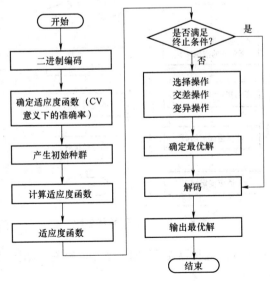

图 8-8　遗传算法寻优流程

采用遗传算法优化参数，初始化种群数量为 20，迭代次数为 100。得出最终的准确率为 95.522 4%，最优参数 $c=1.358\ 1$，$g=2.115\ 3$。最终得出迭代次数和适应度之间的关系如图 8−9（书后附彩插）所示。

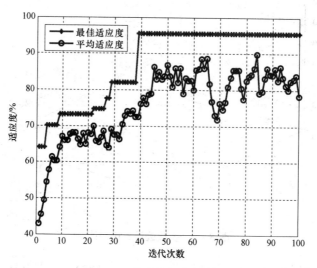

图 8−9　遗传算法寻优结果

4. 粒子群

粒子群优化算法是计算智能领域除了蚁群算法以外的另外一种智能群体优化算法，是以邻域原理进行操作的，与遗传算法相比，粒子群（PSO）没有遗传算法的算子，而是粒子通过在解空间内追随最优，进行搜索最佳解。适应度函数选取 CV 意义下的准确率。采用粒子群（PSO）对参数优化的算法流程如图 8−10 所示。

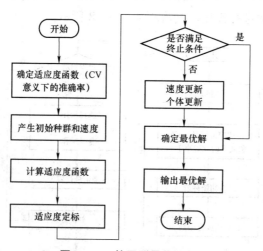

图 8−10　粒子群寻优流程

采用粒子群参数优化，得出进化次数和适应度之间的关系如图 8−11（书后附彩插）所示。

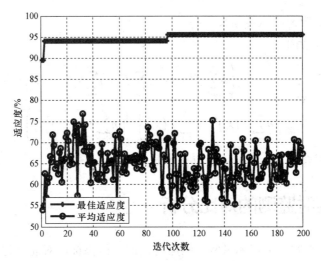

图 8-11　粒子群算法寻优结果

从图 8-11 中可以看出，粒子群寻优的平均适应度保持在 65% 左右。迭代 79 次之前，最优适应度为 94%；迭代次数超过 79 次以后，最佳适应度为 96%。最终寻优得到的 $c = 4.768\,24$，$g = 1.413\,38$，适应度达到 95.522 4%。

三种算法的最优准确率和优化后得到的最佳 c 和 g，以及实际分类结果如表 8-4 所示。

表 8-4　三种算法准确率对比表

算法	最优准确率	最优 c 值	最优 g 值
CV	97.014 9%	2.828 43	0.5
GA	95.522 4%	1.358 13	2.115 25
PSO	95.522 4%	4.768 24	1.413 38

通过上述 4 种优化算法的对比可以看出，交叉验证的方式可以找到全局最优解，但是比较耗时。遗传算法和粒群优化算法为启发式搜索，能尽快找到最优解，但是不能保证是最优解，有可能陷入局部最优解；可以通过一定方法，将所求解的误差控制在可以容许的范围内。遗传算法还有一个重要特点就是具有并行性，这非常适用于大规模并行计算，在优化、机器学习和并行处理等领域得到广泛应用。

8.2.6　评测标准

拟合的效果评测标准由均方误差 MSE 和相关系数（R）的平方来度量。

均方误差（Mean Squared Error，MSE）为

$$\text{MSE} = \frac{1}{n} \sum_{i=1}^{n} (f(x_i) - y_i)^2 \qquad (8-4)$$

式中，n——样本数目；

　　　x_i, y_i——原始数据；

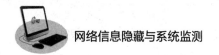

$f(x_i)$——对应 x_i 的拟合结果。

相关系数（R）的平方为

$$R^2 = \frac{\left(n\sum_{i=1}^{n} f(x_i) y_i - \sum_{i=1}^{n} f(x_i) \sum_{i=1}^{n} y_i \right)^2}{\left(n\sum_{i=1}^{n} f(x_i)^2 - \left(\sum_{i=1}^{n} f(x_i)\right)^2 \right)\left(n\sum_{i=1}^{n} y_i^2 - \left(\sum_{i=1}^{n} y_i\right)^2 \right)} \tag{8-5}$$

MSE 越小，R^2 越接近 1，则说明拟合的效果越好。

8.3　网站实时监测的对比分析

编制专门程序来实现单点测量网站响应时间的性能指标，对北京化工大学研究院网站（graduate.buct.edu.cn）的监测结果如图 8-12 所示。

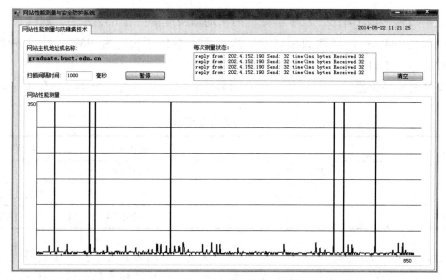

图 8-12　单点实时监测响应时间

分布式监测采用监控宝公司的监测结果[3]，选取 2014 年 1 月 21 日—2014 年 4 月 14 日期间共 2 016 h 的数据进行统计对比分析，得出 24 个监测点对 4 个网站的监测对比如表 8-5 所示。

说明：表 8-5 中的"12306"指 12306 网站、"淘宝"指淘宝网站、"北化"指北京化工大学研究生网站，"石化"指北京石油化工学院网站。

表 8-5　分布式网站对不同网站的预测对比

监测点	失败小时/h				失败比例/%			
	12306	淘宝	北化	石化	12306	淘宝	北化	石化
西安电信	125	125	132	125	6.2	6.2	6.54	6.2
上海电信	0	0	366	0	0	0	18.15	0

续表

监测点	失败小时/h				失败比例/%			
	12306	淘宝	北化	石化	12306	淘宝	北化	石化
深圳电信	834	8	15	8	41.37	0.39	7.44	0.39
浙江电信	0	0	7	0	0	0	0.35	0
四川电信	0	0	7	0	0	0	0.35	0
长沙电信	0	0	7	0	0	0	0.35	0
武汉电信	0	3	1	0	0	0.15	0.05	0
江苏电信	0	0	7	0	0	0	0.35	0
重庆电信	0	0	7	0	0	0	0.35	0
福建电信	1	1	1	1	0.05	0.05	0.05	0.05
安徽电信	5	5	6	5	0.25	0.25	0.30	0.25
大连网通	1	1	8	2	0.05	0.05	0.39	0.09
北京网通	2	1	7	1	0.09	0.05	0.35	0.05
济南网通	0	0	1	1	0	0	0.05	0.05
辽宁网通	2	1	8	2	0.09	0.05	0.39	0.09
上海网通	17	17	2	0	0.84	0.84	0.09	0
河南网通	0	0	8	1	0	0	0.39	0.05
黑龙江网通	0	0	8	1	0	0	0.39	0.05
天津联通	2	2	9	3	0.09	0.09	0.45	0.15
浙江移动	0	0	4	1	0	0	0.19	0.05
上海移动	13	15	21	14	0.64	0.74	1.04	0.69
浙江教育台	3	3	5	3	0.15	0.15	0.25	0.15
台湾台北	2	2	9	2	0.09	0.09	0.45	0.09
香港	0	0	2	0	0	0	0.09	0
分布式监测	0	0	0	0	0	0	0	0

通过表 8-5 中数据对比分析可以看出，单点测量常会发生监测结果与实际不符的情况，而分布式监测则可准确判断出网站是否瘫痪，其失败比例为 0，具有很大的优势。

8.4　网站状态预测的对比分析

本节利用基于支持向量机的信息粒化模型对监测的北京化工大学研究生院网站 84 天的数据进行模拟训练，然后进行预测。首先将每天 24 个监测点得到的数据进行一次变换，转换成一个三角模糊粒子，模糊粒子的三个参数 Low、R 和 Up 分别代表网站响应时间的最小值、平均值和最大值。采用网格交叉验证的方式寻得最优解，即支持向量机的最佳参数。网站响应时间的原始时序如图 8-13 所示，模糊信息粒化如图 8-14（书后附彩插）所示。

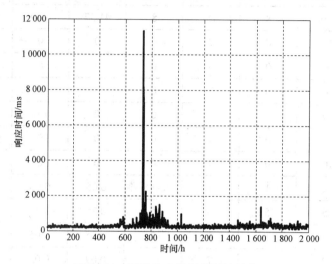

图 8-13　网站响应时间的原始时序

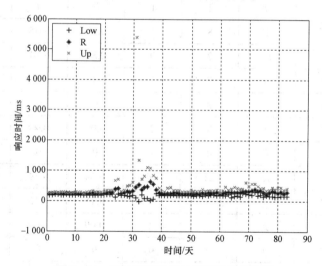

图 8-14　网站响应时间的模糊信息粒化图

通过交叉验证的方式分别对 Low、R、Up 序列进行优选参数，选取最佳参数后，对粒化后序列进行预测。对最小值 Low 进行预测时，最佳组合 $c=256$，$g=1.414\,21$，此时误差（MSE）为 $2.411\,32$，对应的回归系数（SCC）为 $0.999\,436$，对 Low 的预测值为 $168.687\,5$。同理，在对 R 和 Up 选取时分别得出：$c=256$，$g=0.353\,553$，$MSE=46\,091.7$，$SCC=0.357\,447$，最终预测结果为 $324.690\,6$；$c=256$，$g=0.25$，$MSE=1\,064.42$，$SCC=0.618\,938$，最终预测结果为 $492.572\,8$。对最小值的预测和误差如图 8-15（书后附彩插）、图 8-16 所示，对平均值的预测和误差如图 8-17（书后附彩插）、图 8-18 所示，对最大值的预测图和误差图如图 8-19（书后附彩插）、图 8-20 所示。

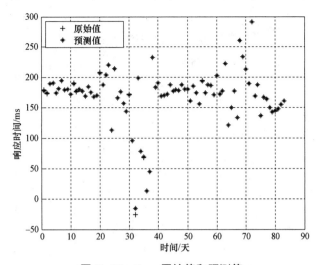

图 8-15　Low 原始值和预测值

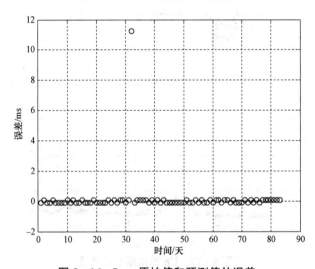

图 8-16　Low 原始值和预测值的误差

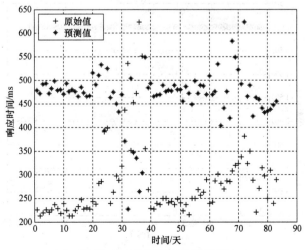

图 8-17　R 原始值和预测值

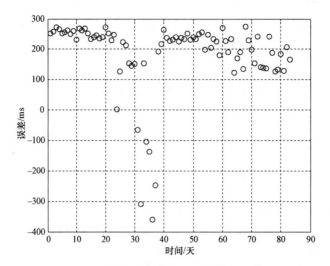

图 8-18　R 原始值和预测差值的误差

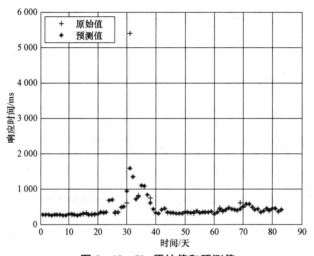

图 8-19　Up 原始值和预测值

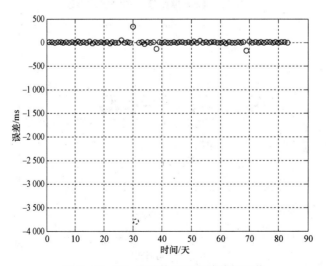

图 8-20　Up 原始值和预测差值的误差

从图中可以看出，对响应时间的最小值和最大值预测准确率非常高，而对平均值的预测准确率较低，误差较大。

针对单一地区进行预测和分布式预测的结果如表 8-6 所示，单点预测值的误差较大，而分布式监测数据进行预测的准确率较高。

表 8-6　响应时间真实值和预测值对比

监测点	真实值	预测值
西安电信	[87.56，118.392 5，294.7]	[68.330 5，132.015 7，249.032 9]
上海电信	[119.73，355.738 3，1 021.68]	[115.246 1，270.911 0，566.868 3]
深圳电信	[113.14，163.162 1，458.58]	[112.164 3，115.184 3，226.478 4]
浙江电信	[136.18，182.132 5，334.5]	[111.182 1，185.460 4，253.909 6]
四川电信	[107.9，227.228 3，475.94]	[123.356 6，171.163 6，416.154 9]
长沙电信	[89.26，169.991 7，347.07]	[66.215 3，176.834 7，254.324 8]
武汉电信	[79.38，378.23，1 649.42]	[52.144 6，120.524 7，695.948 3]
江苏电信	[92.08，127.535 8，335.67]	[90.135 1，99.253 3，202.114 3]
重庆电信	[182.67，409.825 8，848.66]	[151.735 0，401.763 4，683.543 0]
福建电信	[125.79，544.317 5，2 753.71]	[98.732 7，305.683 9，$1.112\,3 \times 10^3$]
安徽电信	[70.8，285.185 4，1 634.92]	[62.088 4，95.368 2，236.996 6]
大连网通	[185.22，292.82，660.27]	[167.763 1，230.982 6，425.567 3]
北京网通	[138.13，212.377 9，400.89]	[122.881 2，213.340 1，360.076 9]
济南网通	[158.99，269.372 5，613.81]	[138.252 3，191.035 8，314.228 5]
辽宁网通	[157.74，255.232 1，539.28]	[150.931 9，170.039 0，248.674 3]
上海网通	[174.53，284.872 5，467.26]	[170.113 4，241.007 0，386.362 5]
河南网通	[183.68，280.603 8，612.41]	[173.904 2，237.402 0，426.391 7]
黑龙江网通	[218.63，405.848 3，615.72]	[194.009 6，362.551 9，613.787 1]
天津联通	[30.71，305.391 7，1 327.58]	[17.228 7，118.127 8，423.142 6]
浙江移动	[126.07，213.357 1，748.7]	[113.763 9，174.212 6，434.471 1]
上海移动	[88.85，123.422 9，342.79]	[91.302 3，136.812 6，214.517 7]
浙江教育台	[126.57，209.167 1，596.11]	[128.190 7，175.955 7，312.919 7]
台湾台北	[187.96，1 314.076，3 540.46]	[153.709 0，888.629 2，$1.600\,9 \times 10^3$]
香港	[186.89，391.682 9，948.92]	[54.855 9，684.354 5，$1.168\,4 \times 10^3$]
分布式方式	[160.55，311.937 5，568.17]	[168.687 5，324.690 6，492.572 8]

对最小值、平均值和最大值的单点预测和分布式预测的对比如图 8-21～图 8-23（书后附彩插）所示。

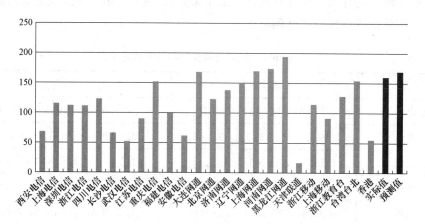

图 8-21 单点和分布式预测最小值对比

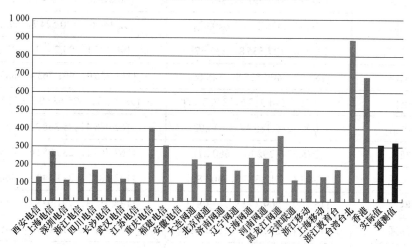

图 8-22 单点和分布式预测平均值对比

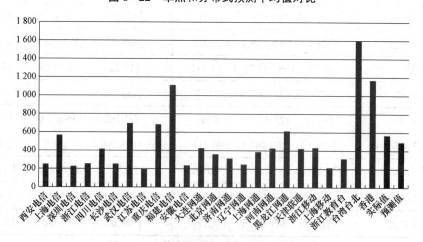

图 8-23 单点和分布式预测最大值对比

在图 8-21 中，绿色代表单点对网站响应时间的最小值预测值；在图 8-22 中，橙色代表单点对网站响应时间的平均值预测值；在图 8-23 中，红色代表单点对网站响应时间的最大值预测值；在图 8-21～图 8-23 中，第一条紫色均代表响应时间的实际值，第二条紫色均代表分布式对网站响应时间的预测。

从表 8-6 和图 8-21～图 8-23 的对比可以看出，通过单一监测点对网站进行预测，误差较大，预测准确率较低，而结合分布式监测数据对网站响应时间的预测准确率较高，符合实际响应时间，可以得到比较好的结果。网站的实际响应时间为[160.55，311.937 5，568.17]，即最小值为 160.55，平均值为 311.937 5，最大值为 568.17。预测值与准确值相似，而采用单点测量的网站响应时间对网站的预测区间误差较大。采用分布式监测数据是基于信息粒化后的响应时间进行的预测方式，对最小值预测的相对准确率可以达到 95%，平均值相对准确率为 96.2%，最大值的相对准确率达到 87%。

8.5　小结

本章通过配置 SNMP 服务，实现了对网站的分布式监测。针对监测的数据进行状态分类，从模型建立、选训练集和测试集、数据预处理、核函数的选择到最后的参数优化，都进行了相应的分析，尤其是对参数优化部分，对随机选取、交叉验证、遗传算法和粒子群算法的分类准确率进行了对比分析。针对网站实时监测，通过编程实现了单点测量网站的性能。结合分布式测量的结果进行对比分析，得出分布式实时监测的数据对网站分析误差为零。最后，对单点测量和分布式测量的结果，采用基于支持向量机的信息粒化方式对网站状态预测分析，对网站的最小值预测的相对准确率可以达到 95%，平均值相对准确率为 96.2%，最大值的相对准确率达到 87%，可以准确地预测网站的响应时间。

参考文献

［1］ Xiaoming Zhang, Cuixia Feng, Guang Wang. Prediction of Website Response Time based on Support Vector Machine [C]. 2014 the 7th International Congress on Image and Signal Processing (CISP 2014): 912-917.

［2］ 冯翠霞. 分布式网站监测及性能分析研究 [D]. 北京：北京化工大学，2011.

［3］ 监控宝. https://www.jiankongbao.com/

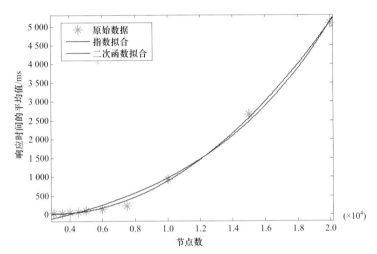

图 7-9　节点数（多）和响应时间的关系

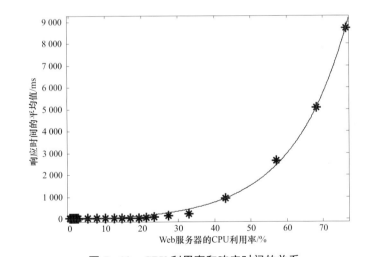

图 7-10　CPU 利用率和响应时间的关系

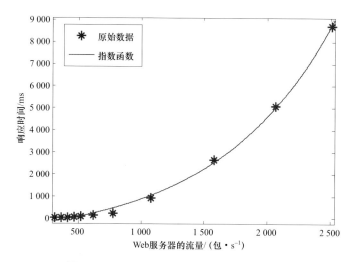

图 7-11 Web 服务器流量和响应时间的关系

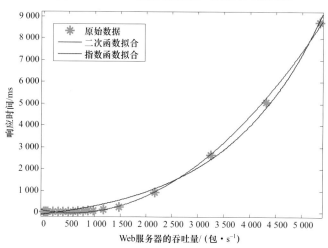

图 7-12 Web 服务器吞吐量和响应时间的关系

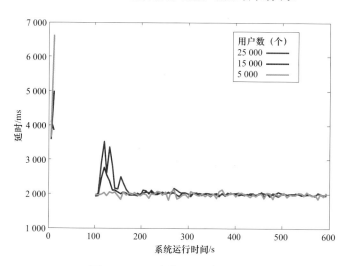

图 7-13 用户数和延时之间的关系

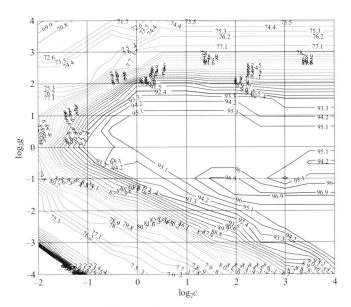

图 8－6 参数选择等高线图

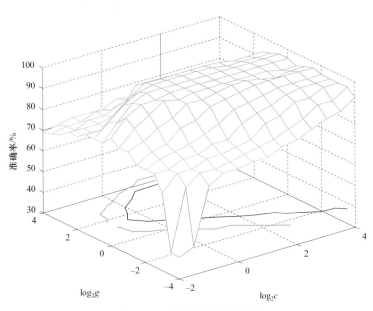

图 8－7 参数选择三维视图

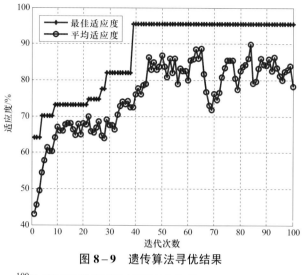

图 8-9 遗传算法寻优结果

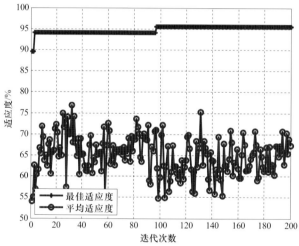

图 8-11 粒子群算法寻优结果

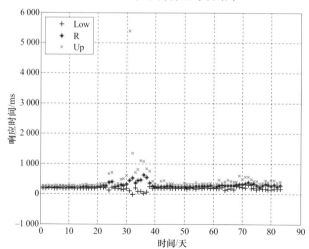

图 8-14 网站响应时间的模糊信息粒化图

4

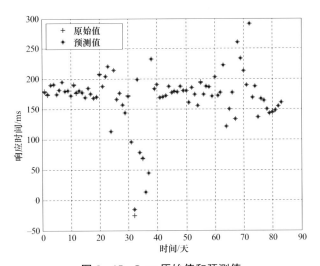

图 8-15 **Low** 原始值和预测值

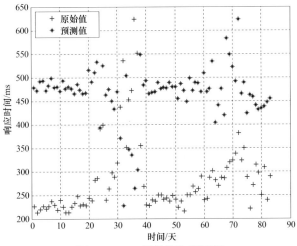

图 8-17 **R** 原始值和预测值

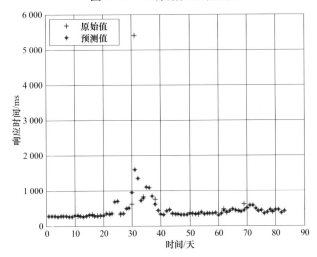

图 8-19 **Up** 原始值和预测值

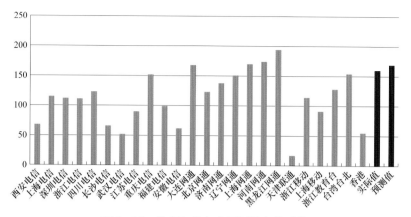

图 8-21 单点和分布式预测最小值对比

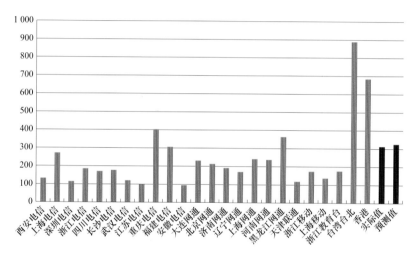

图 8-22 单点和分布式预测平均值对比

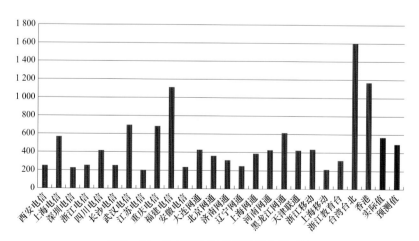

图 8-23 单点和分布式预测最大值对比